认知突围

实现人生跨越的关键

晏凌羊——著

中国经济出版社
CHINA ECONOMIC PUBLISHING HOUSE
·北京·

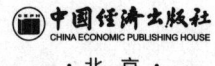

图书在版编目（CIP）数据

认知突围：实现人生跨越的关键 / 晏凌羊著．
北京：中国经济出版社，2024.10．-- ISBN 978-7
-5136-7876-6
Ⅰ.B848.4-49
中国国家版本馆CIP数据核字第20241RS059号

责任编辑	王　帅
责任印制	马小宾
封面设计	源画设计

出版发行	中国经济出版社
印 刷 者	三河市万龙印装有限公司
经 销 者	各地新华书店
开　　本	710mm×1000mm　1/16
印　　张	14.25
字　　数	179 千字
版　　次	2024 年 10 月第 1 版
印　　次	2024 年 10 月第 1 次
定　　价	56.00 元
广告经营许可证	京西工商广字第 8179 号

中国经济出版社　网址 www.economyph.com　社址 北京市东城区安定门外大街 58 号　邮编 100011
本版图书如存在印装质量问题，请与本社销售中心联系调换（联系电话：010-57512564）

版权所有　盗版必究（举报电话：010-57512600）
国家版权局反盗版举报中心（举报电话：12390）　　服务热线：010-57512564

序言

（一）

我从小家里特别穷，一个星期也吃不上一顿肉。父亲常年在外打工，家里就母亲一个人种田。

父亲经常被克扣和拖欠工钱，所以不常寄钱回家。好不容易回来一趟，家里的门槛也几乎会被追债的人踩烂。往往债主们走了以后，我家又连买肉的钱都没有了。

母亲有时候会在地里种一些菜，等菜成熟了就背去集市上卖。从小，我们一家的生活费都是这样换来的。

我们把家里种的粮食、蔬菜、瓜果卖出去，用换来的钱买生活用品和别人家种的粮食、蔬菜、瓜果。

行情好时，粮食能多换一些钱，多买点日用品和吃食；行情不好时，我们只能就着米饭吃自家种的蔬菜。

认知突围：实现人生跨越的关键

在我的印象中，母亲通常是在集市头一天把蔬菜从地里采回来，然后打来井水把泥巴清洗干净，再把烂菜叶择掉，使蔬菜卖相更好一些。

我和弟弟边听着母亲在屋外清洗蔬菜的声音，边坐在煤油灯下写作业。

说是写作业，但其实那会儿我们家连书桌都没有。母亲出嫁时带来的木制箱子搁在床尾，我和弟弟坐在床上，趴在木箱子上写作业。

村里很多人家安装了电灯，但我家嫌电费太贵，一直用煤油灯。有时候，我和弟弟做作业时，不小心把头凑到了煤油灯前面，就会闻到一股头发被烧焦的味道。

母亲去卖菜的时候，我有时也会跟着去。6岁那年我就跟着去了一回，帮母亲背一些莴苣拿去集市卖。

每逢集市，路边的人、车、骡子、驴、各式物品挤在一起，交通状况很复杂。那天，我们顺着车路走。为了躲避一匹骡子，我身上背的篮子被一辆经过的大货车钩住了，我当即被大货车钩倒在地，却一时半会儿挣不开篮子，只能任由大货车拖行了好几米远，还差点被卷到车轮底下。

路人发现后，朝司机大喊，司机这才停了车。母亲尖叫着把我扶起来，却没有安慰惊魂未定的我，只是边哭边骂我爸，骂他这种时候居然不在家。

很多年后，母亲跟我说，差一米我就被大货车的车轮碾死了。

那天的莴苣，并没有卖上个好价格。集市刚开始时，有人出八毛钱一斤的价格全部收购，母亲说不行，跟人家要价九毛，那人磨了一会儿价格，似乎觉得自己说服不了母亲，便转头去收购别家的了。

我理解母亲的心情，那些莴苣从种下的第一天起，母亲就付出了不知道多少心血，她自然是想多卖一些钱的。

觉得收购（批发）价不划算，母亲就开始零售。一开始，她叫价一元一斤，居然也卖出去了几斤。我坐在母亲身边，替母亲感到高兴，完全忘了自己刚刚被大货车拖行了几米的惊吓。

可是，随着街上卖莴苣的人越来越多，母亲不得已降低了价格，先是降到九毛一斤，可只卖出去了一两斤，后来又降到了八毛一斤，也还是没有人买。

当天，集市散尽的时候，我们的莴苣只卖掉了1/3。母亲攥着卖莴苣得来的五六元，跑去买了一包洗衣粉，又跑去别人摆过摊的位置捡了一些被人当作残次品剔除出来的菜叶。她背着卖不掉的莴苣回家，路上沮丧地跟我说，这周我们吃不上肉了。

关于卖菜的经历，还有一回让我印象深刻。

那时我大概已经读二三年级，七八岁的样子，母亲当时忙于秋收，没空去赶集，就让我跟着邻居一起去街上卖青菜。

那年青菜大丰收，菜价很便宜，才两毛一斤。我守在那篮子菜后面，根本不敢吃喝，只能等着别人来询价。每来一个人，我就站起来，但对方往往只是瞟青菜一眼，就又走开了。

整整一个上午，只有一个人来买我的青菜，她一口气买了三斤，给了我一元。我找不开，最后她拿出五毛，我同意以五毛钱的价格成交。

邻居卖的是茄子，茄子行情好一些，她很快就卖完了，然后拿着钱去置办下周的生活用品。而我，看着那满满的一大篮子青菜，不知所措地坐在菜摊后面，像个傻子。

很快，工商所的工作人员来收工商税，每个摊位要收五毛钱。收到我这里，我说我没钱。

邻居赶紧帮我圆场："她只是个小娃娃，帮人看东西的。这些青菜也不是拿来卖的，是用来送给另一家当猪食的，现在只是暂时寄放在这里。"

说完，邻居手脚麻利地找来根稻草，结成一根细绳子，捆了一把青菜扔

认知突围：实现人生跨越的关键

到了工商所工作人员买菜用的篮子里。

工商所工作人员半信半疑地看着我，走远了。我深呼了一口气，下意识地把手伸进兜里，捏了捏那五毛钱。

很快就到了中午时分，集市慢慢散去，太阳毒辣辣地照下来。我汗流浃背，也知道今天这菜是卖不出去了，只好把卖不掉的青菜都背到背上，步行回家。

去赶集时，还有邻居帮我分担一部分菜的重量；回家时，邻居有事先走了，我只能靠自己把菜背回家。

母亲之前完全没料到当天青菜根本卖不出去，她的计划是这样的：去的时候邻居可以帮忙分担一些重量，回来时青菜肯定已经卖光了，我就不需要大人帮忙了。

回家路上，我又饿又热又渴，感觉背上的篮子都要把我的腰压断了。我一路走，一路歇，实在走不动了就崩溃大哭，哭完再咬牙背起篮子，一步一挪地回家。

平常四十分钟能走完的路，那天我走了将近两小时。

那篮青菜很重，重得都超过了我的体重。回到家里的时候，我的肩膀被勒出了几道痕，大腿都在发抖，一屁股坐到地上再也站不起来。

母亲看到满篮子的青菜，又开始哭："卖不掉你就把菜全部扔在大街上啊，你那么费劲地背回家做什么？你傻啊？"

母亲的责骂有道理，那个品种的青菜略带点苦味，喂给猪吃，猪都不爱吃，但七八岁的我不懂得这些。我只是觉得，我背去街上卖的东西，如果卖不掉，我就要原本原样地背回来，这样才能"不辱使命"。

至于我当天卖菜得来的五毛钱，能做什么呢？只够打一斤酱油。于是，那个星期，我们全家吃了一周的水煮青菜和酱油拌饭。

（二）

如果不是在中国最贫困的农村待过的人，大概永远无法理解我们为何要这样卖菜，但我经历过、体验过，我是很明白的。

因为穷，穷到骨子里，所以会格外计较那几分钱、几毛钱。有时候，往往因为这样的计较而丧失更好的机会，或者造成更大的损失。

你可以说他们不开化，永远只有"穷人思维"，但对当时的他们而言，真的只会产生那样的认知、做那样的选择。

你见过中风以后不及时送医院，最后只能瘫痪在病床上的人吗？我见过。

你见过得了明明可以治愈的病，但因为家里一分钱都拿不出来甚至连路费都借不出来，最后只能躺在病床上等死的吗？我见过。

你见过因为家里没钱供孩子上学，最后让女儿辍学去打工甚至怂恿她们去从事不光彩工作的吗？我见过。

贫穷是一种可怕的"瘟疫"，想要摆脱它并不容易。也正因如此，那些能从贫穷的泥潭中爬出来、实现人生逆袭的人，更显得难能可贵。

如今的我，生活在一线城市，表面上看是过着相对还算不错的中产生活，很多跟我相处过的人说我完全不像农村里走出来的人，但只有我自己清楚：贫穷的烙印是怎样打在了我身上的。

我父亲几年前回老家期间中风，我火速赶回老家，把他送到广州治疗，但最后他只能康复到一瘸一拐的程度。现在，在家里，每次听到哪里传来大的动静，我心里都会"咯噔"一下，生怕他又摔倒，导致病情加重。

我母亲每次生病躺在床上，我都会担心第二天她是否还能起得来。一方面，我是担心父母的身体健康；另一方面，我真的担心有什么大病、恶疾会找上门来，一夜之间把我打回到原先所处的阶层。

认知突围：实现人生跨越的关键

年少时，我相信"只要我肯努力，一定能过上好日子"，但现在见多了这世界上种种不公平的人和事之后，我不得不承认：出身真的很重要。

一个好的出身，能让你少努力很多年、少洒好几吨汗水。你还真不得不服气那些含着金汤匙出生的"富二代""官二代"，因为那是人家几代人共同努力的结果。

你这个拖着全家老小匍匐前行的"农二代""创一代"，必须付出比他们多很多倍的努力、耐心、时间，才有可能过上人家早就已经习惯甚至厌弃的生活。

大部分"农二代"会有这样的身份焦虑。城市，你待得很辛苦；农村，你根本回不去。往上突破很难，而阶层下滑的路却像是滑滑梯，还是涂抹了润滑油的。

一百层的楼，有些人从一楼开爬，有些人从二十楼开爬，有些人从九十八楼开爬，有些人是背着父母、兄弟、姐妹艰难地爬，而有些人是坐电梯甚至坐直升机。

的确会有一些"贫二代""农二代"，像漏网之鱼一样实现了华丽逆袭，但人家要么是够努力，要么是运气好，要么是认知层级够高。而且，"寒门贵子"想要改变命运，要承受很多常人想象不到的压力。你可能会很早熟，会很早慧，还要早飞，这是一个非常孤独的、充满自卑和血泪的过程。

很多从贫困农村走出来的孩子，付出了10倍的努力，终于突出重围冲到城市——但这是他们全家人以"你突围，我掩护"的惨烈方式换来的结果。

农村的孩子一茬茬来到城市，先忙着努力摆脱与生俱来的自卑感，忙着努力适应城里人的角色，忙着改造"穷人思维"，下一步才能考虑自我提升。

有一次出差，助理帮我开车，我和她在车里聊到了"寒门贵子"这个词。我说，当年我高考成绩不差，若是填志愿时有人指导，或许我能上一个名头响亮点的大学，找工作时也不必那么辛苦和周折。可是，当时家族中最有文化的就是我，我只能自己去摸索、去试错。

助理回答，是啊，一个人的成功，是由各种因素组成的，原生家庭的助力也是一部分。就像我们开车，我们跟人家开的是同样的车、都是给车加满了同样的油、开车技术也差不多，但为何人家就是能比我们开得快？因为别人的父母已经给孩子铺好了路，还是高速路，而我们还得花时间、精力先去填坑、修路。怎么比？没法比的。

父母拥有好资源，儿女也会拥有更多的选择机会和发展空间，这种阶层固化也是"马太效应"的一种体现。

而我们这些"草根"，还是要努力的。不然能怎么办？不努力只会更惨。更何况，死亡是上帝赋予每个人最大的平等。比起已经死去的人，我们还有生命、还有时间去奋斗不是吗？

我们尽量不要去攀比，默默努力就好。好的出身、环境确实很重要，但不是影响成长、成功的唯一因素。

（三）

我从来不嫌弃我的父母，也不痛恨自己的出身，但不得不承认，"寒门贵子"的辛苦，就在于他们是背负着整个寒门朝着罗马前行，比不得那些本就出生在罗马的，做什么都可以轻装上阵，整个家庭都可以是他们的助力而不是负累。

别人找父母打个招呼就能办成的事儿，你可能要使出吃奶的劲儿才能办成。别人的父母带着相机环游世界的时候，你的父母看到菜市场某个摊贩卖的菜比别人贵了两毛就会转而去别家买。别人的父母去医院看病开药不用为钱发愁，你的父母生场病都会担心你会因此而变穷。

除了物质上的贫乏，一般的贫穷家庭还会有各式各样的人际关系问题。比如，越是穷的家庭，可能内耗越重，家人可能越不开明、越不好相处，甚至有心理疾病。什么叫"我奋斗了18年终于可以和你坐在一起喝咖啡"啊？很多寒门子弟奋斗18年，也不能跟"富二代"坐在一起喝咖啡。

很久以前，我写过一篇文章，讲自己是如何一步步从一个连150元的高考报名费都交不起的农家女奋斗到今天的。

有读者看了以后给我留言："也没什么了不起的啊，不过就是过上了比普通人好一点点的生活而已。这么点成绩就这么嘚瑟，典型的穷人思维。"

讲述自己的经历就被定性为"嘚瑟"，这我不同意，但她说的"没什么了不起"倒也是实话。

如今的我，和很多出身比我好很多的人在同一个平台上工作、在同一个场所消费，和他们聚会、吃饭、聊天、逛街、谈论房价、育儿和出国旅游。可在我内心深处，我知道我和他们的处境是不一样的。

倒不是源于自卑，而是我明白一种客观现实：我们的收入水平可能差不多，但他们花在自己身上的可以是收入的全部，而我，能花在自己身上的可能是我收入的1/10，因为9/10我要拿去养家。总体来说，他们的祖辈给他们的财富，是我难以企及的。他们整个家族的抗风险能力，也比我这样单打独斗的寒门子弟强很多。

那个留言说我"没什么了不起"的读者，一定没去过中国最贫困的乡村，没过过那种半个月才能吃上一顿肉、想买把雨伞都是奢望的日子。她一定也未曾体味过，从社会最底层一步步爬上来有多艰难，需要比别人多付出多少的努力，需要多少次机会的垂青和命运的眷顾。

美国约翰霍普金斯大学做了一项研究，跟踪调查了790个孩子长达25年的生活情况，并得出以下结论：穷者的后代依然贫穷，富者的子女仍旧富足。只有33位出身于低收入家庭的孩子实现了底层逆袭，在20多岁时步入了高收入群体。而那些家庭本来就比较富裕的孩子，只有19位在成年后掉入了贫困阶层。也就是说，阶层逆袭或者沉沦的比例仅为6.5%。

我不是最励志的，但我一定是相对来说比较幸运的。在中国经济相对落后的地区，的确有一段靠读书可以改变命运的黄金年代，而我赶上了。

我确实"没什么了不起"，但我还是会为自己感到骄傲。从中国几乎最贫穷的山村走出来，后来成为更优秀、更富裕、社会地位更高的人，这难道不值得骄傲吗？

我就像在海边遇到的蝴蝶一样，我知道自己是飞不过沧海的，抗风险能力也弱，海风一吹就七零八落……但是，别人达到这个阶层，只需要轻轻松松往上爬10步，而我需要负重爬60步。那多出来的50步，就是我的勋章。

我可能过得不如你，也不如你身边的某某，但是，我是走了很远的路，跋涉了千里才走到现在，和"一出生就在罗马的人"能一样吗？

如果说，原生家庭是一个圆，很多人只能按照这个圆的轨迹度过自己的一生，那我觉得自己就像是一个圆上的一条切线。我不想过父母那样的生活，所以我拼命跑，使劲跑，甩开膀子跑，跑到飞快，跑到超越我的父母，跑到他们再也无法掌控我，快到一定速度，我就成功挣脱了那个圆，腾飞出去，成了一条切线。

当你回首看那个圆时，可能会无奈地发现：父母只能一直在那个圆里奔跑，而且没有再跑出那个圆的可能。有所不同的是，可能因为生活境况的改善，那个圆的半径变大了一些。

现在，你只能有心无力地、内心悲凉地，看他们这样过完自己的一生。因为你再怎么努力，可能也没法把他们拉出既定思维的框架。而这些，也是

认知突围： 实现人生跨越的关键

每一个好不容易突围出来的寒门贵子，需要背负的一部分。

但是，父母以及身边人身上的那些认知局限，却可以引发我的反思。而我一路稳扎稳打地走到今天，哪怕遇到暴风雨也能再次抓稳人生的方向盘，靠的也是认知的突围和升级。

我知道，打破圈层是很难的，你会承受巨大的压力。一方面是你原先的阶层看你往上爬，会产生"螃蟹效应"，不停地拖你后腿，不让你脱离原先的环境，不让你成为"人上人"。另一方面是你想去的圈层，会产生"乘车效应"，他们并不希望自己所在的车厢再多一个人，然后，可能会有人拼命地排挤你（也不排除这些人的对手想拉拢你，但每一种拉拢都有代价）。

而打破圈层，最有效的手段还是要实现认知升级。就像是想要破壳而出的小鸡仔，靠外力"破圈"反而会加速死亡；只有你的认知实现了升级和迭代，你靠认知升级发展壮大了自己，这种"破圈"成果才来得踏实、结实。

绝大多数人是没有这样的承压能力以及自我革新、自我壮大能力的，所以，那些能成功"破圈"的，才被书写成了传奇。我不算"传奇"，我的思考也不一定成熟，但我想把这些年来观察到的现象、体悟到的道理、跨越过的认知障碍都书写下来，希望能对你的人生产生帮助，助你实现认知突围，进而实现人生的跃迁。

目 录

第1章
拓宽格局，端正人生态度

002　无惧做一个被"讨厌"的人
006　认清赚钱的底层逻辑
018　走出被"内卷"裹挟的迷茫
027　机会只会眷顾那些勇于主动出击的人
031　趁年轻，尽力搏、尽情爱

第2章
向内领悟，追求人生高度

042　学会欣赏优秀的人，而不是嫉妒
052　为什么有的人"越省越穷"？
063　人生需要小人刺激
070　好好说话，不然运气会变差
086　学会"打直球"，避免在猜忌中蹉跎时间

第3章
行稳致远，增加人生厚度

094　不要看不起小钱
097　拒绝"无效努力"和"穷忙旋涡"
103　不要相信高手的"谦虚"
107　锱铢必较，难成大事
113　余生真的很贵，远离那些消耗你的人

第 4 章
勤勉刻苦，增加执行力度

124　学会放低自己，适当让渡优越感
133　不要陷入自证陷阱
138　结交贵人的有效方法
147　如何克服"怕领导"问题
152　遭遇职场霸凌，不要忍气吞声

第 5 章
丈量自己，把握人生尺度

158　太过离经叛道的人生，不一定值得神往
164　尽量从正面和善意的角度去解读世事
176　避免成为"爹味"青年
184　缺乏边界感，人际关系会变差
194　人生要有"底线思维"

后记：提升认知，让自己变得更有成长力

第1章

拓宽格局，
端正人生态度

无惧做一个被"讨厌"的人

（一）

从小，我是一个没啥好人缘的人。

周边人对我的态度，基本可以分两极：喜欢我的，特喜欢；讨厌我的，特讨厌。

在集体中，我是属于那种人缘很一般的人。

初高中时，几乎是票选"三好学生"，在几名学习成绩好一点的同学中搞差额选举。学习成绩吧，我一直遥遥领先，但很多次都栽在票选上，因为"不会做人"。

换言之，就是人缘不大行。

每次票选"三好学生"，我基本上毁于人缘不好。除非"三好学生"名额是老师根据学习成绩指定的，否则光靠同学票选，我基本上拿不到这个奖项。

让我去跟同学搞好关系，我又不愿意，那意味着我需要磨掉自己浑身带刺的个性，变成一颗人见人爱的鹅卵石。

上了大学也一样，我很少扎堆，很少参加集体活动，经常一个人上自习、去图书馆。

上我喜欢的课时，同学们都往后躲，我一个人坐到第一排，身后三排位置是空的，但我丝毫不觉得尴尬。

我和我最要好的闺密阿桂都是班里的贫困生，但班里有几个女生似乎更喜欢和她交往，而不大喜欢我。特别是有一个女同学，每次在集体活动中见我和阿桂待在一起，就找个借口把阿桂拉走，跟阿桂聊些有的没的，让我落单。

进入职场后也是，表面上我活得不争不抢，但所有人都看得出来我对名利很在乎。这种野心是藏不住的，我也不想藏。

我曾经一度为此感到很苦恼，可后来我明白了：有些人不喜欢我，不一定是因为我不好，有可能是我的存在对他们构成了威胁，也有可能我看起来浑身带刺、不大好惹。

不被嫉妒的人，愿意让渡自己的利益使别人舒服的人，最容易拥有好人缘。

可是，好人缘不能当饭吃。

把你当老好人的人，可以送你一朵小红花，但不会给你饭吃。

欣赏你、服气你的人，才是你的贵人。

（二）

有本书叫《被讨厌的勇气："自我启发之父"阿德勒的哲学课》，大概内容是不要害怕被别人讨厌，讨好型人格做不成任何事。你要有无惧"被别人讨厌"的勇气，才能真正获得自由。

我最近的体悟是，很多父母之所以不敢管教孩子，什么都顺着孩子，也是因为害怕自己被孩子讨厌，害怕其他人给出"你不是慈母"的评价。

可是，在我看来，时不时做个"烦人的妈"，也是为人母必备的基础技能。

小孩怎么可能是天使？大人身上有的毛病，小孩也有。就拿我女儿来说，她也不是时时刻刻都那么可心。

每天我下班之前，她都会提前给我打电话，探听我何时回家，然后，在我踏进家门的前一刻，放下 iPad 去做作业。

在家里，我父母怕得罪她，不敢说她，也管不住她，只有我敢跟她翻脸。而小孩子也欺软怕硬，她看你好说话的时候，一定会蹬鼻子上脸。

父母敢于对孩子凶，是非常有必要的。如果把慈爱比喻成蛋糕，那么，"凶"便是附着在蛋糕上的奶油。分量合适的话，它同样也是一种高浓度的慈爱。

在某类人眼里，孩子只要学得不快乐了，那一定是老师或家长的教育方法有问题。很抱歉，我每次听到这种论调、看到"快乐教育"这几个字就反胃。

不管是对大人还是小孩而言，学习本身就是一件很反人性的事情。比起枯燥的学习，谁不想躺平看娱乐节目？这世界上哪样知识和技能的获得，不需要你花费苦功，不需要你和自己"好逸恶劳"的本性做斗争？

一个人为什么能变得卓越？在很大程度上是因为他们能放弃短期利益的诱惑，专注于长期利益。就连玩个滑滑梯，你都需要先往上攀爬，然后才能享受滑下来的快感，否则，你连下滑的资格都没有。

管教孩子，也要有"菩萨心肠"和"霹雳手段"，不要害怕被孩子讨厌。

（三）

到现在，我已经放弃追求所谓"高情商"和"好人缘"了，我只关注我跟某个人在一起，是否感觉舒畅。

遇到对的人，情商自然高、人缘自然好，因为你更愿意珍惜那段关系。

遇到不对的人，那么，做这类人的"眼中钉"，也是我的荣幸。

一辈子那么短，人的时间和精力那么宝贵，我干吗要跟与我气场不合的人死磕，只为博得一个"高情商"和"好人缘"的美名？

把时间、精力花在喜欢自己自己也喜欢的人身上，不好吗？

好人缘是个什么东西啊？我早就不追求了。

我喜欢的人都喜欢我，这就可以了。

反正，讨厌我的人，我刚好也很讨厌他们。

跟以前比，这两年我最大的变化是，看不顺眼的人越来越少，但也不会为博得好人缘而去刻意迎合谁。越往后，越珍惜欣赏我的人，不欣赏我的，爱谁谁。

人生就是个保留和剔除的过程，剔除让你感到烦扰的人和事，收获和珍惜让你感觉舒适的关系和生活方式。

在苹果公司，乔布斯可能是最被讨厌的人了，但还是会有很多人为他卖力，就是因为他能给别人提供价值。所以，你能不能给别人提供价值，比你是否受欢迎要重要得多。

有一句俗话说：猛兽向来独行，只有牛羊才成群结队。

换人类社会，也是一样的：不合群的人不一定优秀，但优秀的人一定不合群。

学会"胆大心细脸皮厚"，方能"随心所欲不逾矩"。

而我，只是尝试在自己混的圈子里尽量做个暖女，在跟人相处过程中尽量给予别人帮助、尊重、包容和耐心，但是，暖不了的人、焐不热的心，我决不愿意多给一分好脸色，因为，我不再畏惧做一个"被人讨厌"的人。

与你共勉。

认知突围：实现人生跨越的关键

认清赚钱的底层逻辑

（一）

学校里开设了很多课程，但唯独没有赚钱课，而且这种事情也没法开课，因为赚钱是一种你需要分析形势、判断趋势、运用各种资源要素的游戏，而形势、趋势、资源要素是不断在变化着的。

同样的想法，你在 A 地付诸行动，到了 B 地可能就行不通。你在一年前付诸实践能赚到钱，三年后再付诸实践，市场已经是一片红海。

所以，相比其他技能，赚钱是最难的技能。能用合法的方式赚到钱，尤其是能赚到大钱的人，有些可能文化水平不高，但没有一个是傻的。

如果你永远只学得会处理"物""事"，而不是跟"人"的关系，你就永远只能是一个靠技能吃饭的"技艺人"，而不是一个靠配置和流转资源吃饭的商人。

现在，很多父母提到"孩子要富养"，动不动就跟孩子说"只要你肯怎样，钱不是问题"。我极其不赞同这种行为。什么叫"钱不是问题"？你再财大气粗，是不是也应该引导孩子树立正确的财富观，包括金钱观、理财观、消费观？

正确的财富观，应该包括哪些内容？

第一，怎么看待财富？

钱作为生活中不可或缺的一部分，是构筑个人幸福感与安全感的重要基石之一。让孩子从小树立热爱钱、让钱为自己所用的观念，避免孩子仇富、仇恨金钱。但也要避免孩子过分看重金钱的力量，过分追逐金钱，要让孩子明白"钱是人的工具",而不要把自己变成追钱的工具。

第二,怎样利用财富?

在花钱的过程中,引导孩子爱惜金钱、珍惜用金钱买的所有东西。钱可以为你所用,但你不可以挥霍。在花钱的过程中,引导孩子学会做资源的有效配置,争取资源利用最大化。比如,衡量自己"用钱买时间"以及"用时间赚钱"的成本,尽量避免成本倒挂。又如,关注金钱与时间、风险、效益之间的关系,少给自己埋雷,少付智商税。

第三,怎样创造财富?

说白了,就是要教给孩子怎样赚钱。这是最难的,需要学一辈子。平时多给孩子讲一些"别人都是怎样赚钱"的故事,比如带孩子玩个抓娃娃机,你都可以讲出很多门道。

最偷懒的态度就是大手一挥,告诉孩子"只要你肯怎样,钱不是问题"。为什么呢?

首先,学习也好,做这做那也罢,那都是"孩子的事",父母只是尽力给孩子创造条件,不是欠孩子的,没必要营造"不差钱"的表象。

其次,钱怎么不是问题?这里头的问题可大了。你不给孩子讲述自己辛苦赚钱的故事,他们真以为钱是"银行卡里、手机里变出来的"。

人生处处是道场,处处是课堂。学赚钱是一个长期的、厚积薄发的过程,而孩子小时候最重要的就是好好学习、天天向上。

(二)

赚钱的底层逻辑,我们可以跟范蠡学。

在中国民间信仰中,财神爷被广泛崇拜和供奉,但我们的财神爷有多位,比如赵公明、关羽等，可我觉得，最能代表财神气质的要数范蠡。

范蠡出身贫寒却博学多才。早年，他跟随越王勾践卧薪尝胆、振兴越国。等勾践成就霸业之后，他选择激流勇退，只给老友文种留下了一封信，其中有著名的那句："飞鸟尽，良弓藏；狡兔死，走狗烹。"

范蠡走后不久，文种便被赐死。离开越国的范蠡已年过花甲，他化名从商，结果一不小心就成为巨富。为此，他三次散尽家财，救济贫困，可每次散尽家财之后，又能很快赚到比以前还要多的财富。

我认为，所谓财神，不是财富多的人，而是能驾驭财富的人。

财富就像水，它是会流动的。

范蠡能聚财，但不守财。财富遵循它本身的规律，流向了他，归顺了他。

范蠡想聚财时，就能聚财；想用财时，财就能为他所用；想散财时，财又很听话地流向各处……

别人追财追得很辛苦，而财富在他手里就像是他养的鸽子。

对财富，他收放自如，不会为之所困。

被尊为财神，他当之无愧。

很多人得到财富后，骨子里是不自信的，所以，他们会成为守财奴。而真正有驾驭财富能力的人，对待财富的状态是松弛的，因为他相信自己的能力。他早已经掌握了财富流淌的规律，笃信"千金散尽还复来"。

想要赚钱，其实真的不一定需要有很高的学历、很深厚的知识文化积淀，关键是要摸透赚钱的逻辑、资源配置和流转的逻辑并经营好人脉关系。甚至你只需要处理好"人与人之间的关系"，因为金钱是在"人"的手上流转的。

相信很多人看过范蠡卖马的故事，这个故事说的是：春秋时期诸侯割据、战事不断，范蠡发现吴越一带需要大量的战马但马匹不多，而北方多牧场，马匹又多又便宜，问题是买卖马匹不难，但是运马难。千里迢迢运送马匹，人马的差旅费用高昂，而且兵荒马乱的，沿途常有强盗出没。

后来，范蠡了解到北方有一个经常贩运麻布到吴越的巨商姜子盾，他已经打通了这条商道，甚至早已用金银买通了沿途强盗。于是，范蠡在获知某天姜子盾将要经过城门时，写了一张告示张贴在城门口，大意是说：范蠡新组建了一支马队，开业酬宾，可免费帮人向吴越运送货物。

姜子盾看了告示之后主动找到范蠡，求他帮忙运麻布。范蠡满口答应了。就这样，范蠡借着姜子盾的庇护，将麻布连同马匹安全运达吴越。马匹在吴越卖出后，范蠡赚到了一大笔钱。

范蠡利用免费模式，为合作伙伴创造了价值，也实现了自己利益的最大化。他发明的这套商业模式，就是他的"杰出作品"。

现在，有好多人拜财神、求财神，都是在求财神爷给自己散一点财，可这种拜、求，本质上是与财富规律相悖的。

财真的不是求来的，而是"吸"来的。

我们真正应该发力的"点"，不在于财本身，而是探究财富背后的规律。

只可惜，这种人是极少数，所以，被财神爷眷顾的人也是极少数。

我很喜欢看个人传记、政商界人物故事、娱乐八卦……然后，早早发现了一点：人想要赚钱，还是得靠创造。所有你创造出来的"作品"，几乎都能给你带来钱，钱是创造的结果和附加值。

现在好多人知道赚钱的重要性，但却不知道要怎样赚钱，绝大多数人赚不来钱的核心原因是把赚钱的逻辑搞反了。

很多人追求的是"钱"本身而不是"创造"，结果，越搞越赚不出来钱，自己得辛辛苦苦追着钱跑。而懂"创造"的人，他们先贡献出来的是"作品"。"作品"创造出来了，钱就会追着他们跑。

写一本书或绘一幅画，是"作品"；厨师做出来的菜，是"作品"；企业家做出来的某个符合市场需求的产品，也是"作品"。创造一种新的模式、新的渠道、新的服务、新的产品、新的技术等，都是"作品"……甚至把孩子培养成才，孩子有出息了，也算是父母的"半作品"。

直接向财神爷要钱，财神爷一般懒得搭理你；你拿创造出来的"作品"跟财神爷交换，财神爷才能注意到你。

（三）

司马迁在《史记》里记载了"范蠡救子"的故事：范蠡晚年时定居陶丘。他有三个儿子，二儿子在楚国犯罪被抓，他准备把小儿子派去"捞人"，但大儿子反对，说是"长子为大"，而且大儿子说不派自己去就自杀。范蠡的妻子也帮腔："即使派老三去，也未必能救活老二的命，反而先让老大白白地死了，何苦呢？"

范蠡没办法，只好让大儿子去，并告诉他去找一位老友帮忙。

这位老友名叫庄生，他收了范蠡大儿子的钱，就开始帮着运作。

见了楚王，庄生就说我们马上就有自然灾害，现在需要未雨绸缪，做好事消灾。然后楚王就准备大赦天下，但为了防止大赦时有人趁机抢劫，便封了府库（古代收藏文书、财物和兵器的地方）。府库被封，老百姓便知道要大赦天下、释放人丁了。

这个消息很快就传开了。庄生就是想用"集体大赦"的方式营救范蠡的二儿子。

结果呢？范蠡的大儿子听到这个消息，就开始心疼自己给出去的钱，他跑到庄生家里说："这个事已经解决了，我们家现在不需要你再帮忙了，但你能不能把我给你的钱退回来？"

第1章 拓宽格局，端正人生态度

庄生一听，特别恼火，他嘴上不说，把钱退给了范蠡的大儿子，接着就跑去找楚王，说街上的老百姓都在传你要大赦天下，而你之所以这么干，是因为范蠡的儿子犯了死罪，他们花了很多钱疏通官员，而你听信了这些官员的谗言。

楚王一听，很是生气：这还有没有王法？

于是，当天就把范蠡的二儿子杀了，第二天才宣布大赦。

范蠡的大儿子第二天只好拿着钱财、带着弟弟的尸首回了家。

范蠡见此，感慨地说："我早就知道可能会是这种结局。"

范蠡当时想派小儿子去，不是没有原因的。

大儿子小时候，范蠡还比较穷困，大儿子备尝艰辛，知道钱财来之不易，会很珍惜钱财。

而小儿子出生时，范蠡已经致富了，小儿子办事情时能够舍弃千金之财，进而办成事情；大儿子则太在乎钱，就办不成这件事。

想要成大事，小处不能吝啬和算计。该花金钱、时间、精力的时候不要吝啬，要有胆、有魄、有毅力、有格局。

"范蠡救子"的故事，让我想起以前居住小区的物业公司。他们有一些临街的铺面可以出租，开超市、理发店、药店、中介门店等，一来可以赚取租金，二来可以为业主提供配套服务，但是，他们一定要涨租金，而且每年都涨。

一开始，那些店铺因为装修成本投入太高，舍不得沉没成本，有点利润也都在苦苦坚持，但后来，租金成本太高了，实在撑不下去了，就纷纷撤场。一家店撤场，人气就少了一些，其他店铺的生意也接着变差。没两年的时间，所有店铺都撑不下去关门了。

接下来，新商户不肯进驻，住户没法就近买东西，只能去别的地方购买，人流量越来越少，那里彻底变成一个死气沉沉、无人涉足的店铺群。小区则因为缺少配套服务，业主很不满意，不是闹事找物业麻烦，就是想办法搬走。

而另一个小区的物业公司，则是通过降租金的方式招揽商户，把闲置铺面全部盘活。租金降了，进驻商户多了，进而形成良性竞争。小区住户下楼购物甚至可以货比三家，比去远一点的地方购物更划算，不住在本小区的人也过来买东西。

几年下来，那里成了附近一个有名的小商圈。商户赚到钱，物业公司再涨一点租金，但还是让租金水平略低于市场，这样不仅避免了空置，每个月还都有固定收益进账。而且，房子也是需要"人气"养的。有人气的房子，破败得会相对比较慢。

两相对比，你就会明白谁更受"财神爷"青睐了。

（四）

《国语·越语上》中记载，范蠡有这样一条经济思想："夏则资皮，冬则资絺，旱则资舟，水则资车，以待乏也。"

这句话的意思是：夏天要买毛皮，冬天要买丝绸，天旱时大量买船，水涝时则去买车，然后等待货物缺乏时卖出去。

相传一次齐国发大水，所有商家都在争着抢着购买船只，船只的价格一下子被抬高了，而卖车的商户几近倒闭。范蠡见状，买进了大量的车。洪水很快就退去了，船只囤积得厉害。到了干旱时节，人们纷纷添置车辆，可是范蠡预测大雨将至，反而趁船只甩卖，低价吃进，果然连夜大雨，积涝成洪，船只供不应求，范蠡成了大赢家。

范蠡主张把握商机，候时转物。他遵循"经济丰歉循环论"经商，提出

"待乏论",即不要"人等货",应让"货等人",要准备别人没有的或想不到的货物。

做这一切的前提是你要懂得看大势,但像范蠡一样懂得看势头的人是很少的。

大部分人其实是普通人,真正懂得看势的人很少,只不过有的人莫名其妙抓到一点风口的尾巴,有的人没有。而抓到风口尾巴的普通人,当时也不觉得自己已经抓到了机会,大家都是稀里糊涂地过,浑浑噩噩地做选择,几年之后,才惊觉:原来ABCD四个选项中,选A才是对的啊!

我认识一个老板,他以前曾和某知名洗涤品牌创始人一起创业,后来他不做洗涤用品了,出来单干。那还是20世纪90年代初的事情,创业的人都时兴做实业,他一开始跟几个人一起租了个小房子,研制鞋油,后来发觉这个市场的竞争已经有点白热化了,不大赚钱,所以转去做油漆。

做油漆可不像做鞋油一样,搞个小作坊就成了,而是需要开厂。于是,他们就在广州郊区把厂子开了起来。

起初,他做得特别艰难,骑着摩托车一家一家去推销油漆,可后来的事情,大家都猜到了。

现在,人们讲起他的成功故事,都说他当时多么有眼光,可实际上,他那会儿也很迷茫,根本不知道做油漆是不是真的比做鞋油有前途,只是隐隐约约感觉到鞋油市场已经是一片红海,而油漆虽然市场上需求少,但供给也少。

小富靠勤,大富靠势。那些赚到大钱的人,几乎是顺势而为的。人们说到商海里的成功人士,大多会说他们多么懂得审时度势,可实际上,那是后来的盖棺论定。其实,在做选择的时候,连他们自己也不知道什么是"势",只是刚好走到那儿了,然后凭着自己所掌握的信息,按直觉选了一条自己认为正确的路。

而所谓"比普通人会看势",说到底就是一种"认知差"。认知能力本质上是对一个事物进行分析、判断和预测等的能力,但这一切都是基于信息资源而展开的。

你掌握了充分的信息资源,再辅以高层次认知能力,就能做出迎合时势的选择;若是只掌握了部分信息,那可能比什么都没掌握更可怕,因为它会让你做出完全错误的判断。

所有的商业行为,就是利用"信息差""资源差""认知差"和"执行力差"赚钱。

经销商,卖的是"你不知道从哪儿拿到更便宜的货"。房产中介,卖的是"你不知道的房源消息"。老师,卖的是"你不知道的知识"。有技能的人,卖的是"别人不知道或掌握不了的技能"。把这些"信息差"跟需求结合在一起,再辅以服务、降低成本的规模效应等,就形成了商业。

商业的开放性,主要体现在金钱是流通的、无记名的,它像水一样,无边界,流向任意它想去、能去的地方,继而串联起所有的行业、所有人。而商业的闭合性,就体现在"信息差""资源差""认知差"和"执行力差"是有价值的。

一个信息,你知道,别人不知道,就会产生"信息差"价值。有了这种价值,你就希望这个信息永远只能你知道,或者把它交换成金钱。

你有别人没有的资源,并能整合这种资源,为客户或社会创造价值,那你就能赚到钱。面对同样一个问题,你的看法是这样,别人的看法是那样,如果你的认知层级更高,你就有可能胜出。而最终,我们都要落实到"执行力"的问题上。

事实上,很多人缺的不是"信息""资源""认知能力",而是"执行力"。

举个例子，全国可能有 10 万人发现开发某种软件是一个好创意，应该可以赚钱，这 10 万人都觉得这是一个风口。这 10 万人当中，有 9 万人想想就罢了，只有 1 万人准备采取行动。

9000 人在准备的过程中泄气了，没落实到行动上。只有 1000 人写出了方案，积极去寻找投资人。这 1000 人中，有 900 人因为方案写得不好或者没能找到投资人，最终放弃了。

留下的 100 人找到了投资人，但只有 50 人拿到了投资。这 50 人拿到投资后，开始开发软件、寻找硬件和供应商，可有 30 人在这一过程中遇到了难题，错过了抢占市场的先机。

剩下 20 人顺利地把软件开发了出来，但只有 10 人在与某市写字楼、商场、小区物业以及业主的谈判过程中获得了成功，而且大家的市场占有率各不相同。

结果呢？只有 3 人能抢占市场先机和份额，业务实现爆发性增长。剩下的 7 人，项目刚一落地就开始赔钱，最后被碾压成了渣。经过第一轮残酷的竞争，只有 2 人的创业项目活了下来。最先出现在大众面前或业务开展得最火爆的，才能成为佼佼者。

而每个行业都会有爆发期和衰败期，如果胜出来的这 2 人只有 1 人急流勇退，而另一个人退得太晚了，那么在这场残酷的竞争中，就只有 1 人胜出。

所以，赚钱其实是一件非常考验信息收集能力、资源整合能力、认知能力、执行力的事情。能在这个赛道上获得大成的人是很少的，绝大多数声称自己"想赚钱"的人，只是想享受"花钱"。

真正喜欢赚钱的人，反而是把赚钱当作一场游戏，我们要在游戏中收获快乐，就应该带着"享受赚钱本身"的心态去赚钱，而不是出于恐惧。比如，对"阶层下滑"的恐惧，对"不能出人头地、被不看好你的人耻笑"的恐惧，对"未来可能会生病、会出现意外"的恐惧。

赚钱的驱动力应该是乐趣,而不应该是恐惧。

(五)

我从小就特别喜欢看各种土豪的故事。无论是古代的、近代的、当代的还是中国的、外国的……我就喜欢看他们怎么发财、怎么衰败。然后,我发现:能发大财的,都是敢于发现风口的人。

钱作为一种交换介质,永远会向洼地流动,而且它的反应极其快速。只有极少人能察觉到这种流向,然后抓住机会。就拿马云来说,创业之初的他不也是凭着一股子蛮劲儿,顶着可能坐牢的风险开发出支付宝,赶上了互联网经济的东风?

但是,这种财富神话,你现在再照搬,那就是死路一条。

没有永远赚钱的行业,只有永远赚钱的商人。风口永远都会有的,只不过在不同的历史时期,涌现出来的数量不同。

过去采矿业、房地产业多风光啊,现在不也式微了?也许你觉得这些企业现在的利润还挺吓人,是因为你不知道那是"长尾效应"在起作用,也是因为你不知道行业巅峰期的利润有多惊悚。

不过,你们说我这种人,从小看了别人那么多的赚钱故事,也没把自己搞成富婆,这充分说明"懂得大道理"和"过好这一生"之间隔着天堑啊!

这世界上的钱,大多属于敢于冒险的人。

为什么这么讲?因为赚钱领域,向来遵循"高风险,高收益"定律。

我身边那些赚到了大钱的,都是敢"赌"且运气比较好的人。

任何一个行业,从兴起到衰落,几乎都要经历萌芽期、爆发期、发展期、衰落期四个阶段。

萌芽期入局的，大多敢冒险，因为那会儿行业前景不明朗，他们敢赌。

爆发期入局的，也敢冒险。比如，儿童项目、亲子项目很赚钱吧，但此时也是一片红海。你想赚大钱，就不能只投小项目，必须提高投资门槛，因为投资门槛越高，收益率也就越高。

你想在广州投资一个大型儿童游乐商业综合体，启动资金怎么也得几亿元。钱从哪儿来？去贷款、去融资，你拿到了钱，迅速入局……这是不是也要冒极大的风险？

发展期入局的，也要敢于赌。某些行业在萌芽期，监管暂时是缺失的。到了爆发期，行业发展会被监管部门注意到。过了"野蛮生长"时期，相关的行业监管标准和条件也会跟上。监管标准一旦扎堆出现，行业准入门槛就会提高，此时再想入局，就更不容易了。

我一个朋友的前老板，投资3000万元，在某三线城市开了一家整形医院，居然两年就回了本。但是，他压力也大，需要打点的方面很多，还特别害怕出现医疗事故。一旦出一起事故，他面临的可能是非常严重的处罚，不仅是法律上的，还有声誉上的。这个老板最痛恨的是地下整形诊所，地下整形诊所分走了他很多客户，而且它们几乎是无证上岗，真出了事儿，可以一逃了之……当然，这些地下整形诊所，过的也是"刀尖上舔蜂蜜"的日子。

一个行业到了衰落期，就看谁撤退得快，这也需要赌。就跟炒股似的，你若是舍不得沉没成本，死撑，那么，每多撑一天，你的财富就减少一分。

另外，那些通过创业成为富豪的，秘诀其实不在于勤奋。打工人也有很勤奋的，但打工人很难变得有钱。成为富豪的秘诀，一方面是靠"智慧+运气"，另一方面是具有很强的抗压能力。

我认识的大老板，都是在人生某个阶段、某个关键的节点上，扛住了巨大的压力。而他们能承受住的压力，普通人承受不了。换普通人去承受这一切，可能早就放弃了。

综上，如果没有高认知力、强执行力、高抗压能力，不敢赌，那就还是老老实实上班，耕好自己的一亩三分地吧！事实上，普通人不需要这么全能，掌握并执行好一两个赚钱的底层逻辑，这辈子也就能过踏实了。

走出被"内卷"裹挟的迷茫

（一）

一位家长在参加家长会时，因被老师批评不关心孩子而抱头痛哭。他说自己不是不接老师电话，而是在加班开会。家长群的消息也看不过来，不是不关心孩子学习，而是平日工作和生活压力实在太大了。

他说的话引发了不少家长的共鸣。很多网友吐槽：这哪里是家长群，而是压力群。自己也不是不想多花点时间陪伴和教育孩子，实在是"搬砖"太累、太忙啊！

孩子要学拼音、讲故事、改错题、跳绳、仰卧起坐，家长要帮着拍照、录视频上传……QQ、微信、钉钉、教育App……轮着来。

疫情期间，我更是不知道帮孩子打了多少卡、填报了多少表。先是垃圾分类，每天打卡、接龙，后来是每日健康状况、行程表……老师每天得在微信群里监督家长，老师很累。家长每天起床后的第一件事就是打卡、填报，

第1章 拓宽格局，端正人生态度

也很累。

要我说，"家长群"之所以变成"压力群"，并不是家长或老师的问题，也不是"家校之间分工不明确"的问题，而是"教育内卷化"的问题。

所谓"教育内卷化"，说白了就是"剧场效应"。一个人站起来了，所有人都得站起来，于是，大家都只能站着看剧。剧还是那个剧，但所有人都变得更累了。除非有人愿意先坐下来，不然这种情况无法改变。可问题是，谁愿意坐下来去看别人的屁股呢？坐下来的这个人，也不知道别人会不会追随他，搞不好就他一个人坐着，就他一个人吃亏。

好出路只有那么多，而家长和学生都想争到好出路，这种"内卷化"裹挟了老师、家长、学生，无人幸免。

相比父母那一辈，我觉得我们这一代人在"当家长"这件事上，确实很疲累。一方面，是因为我们带娃更科学、更精细了；另一方面，则是因为整个大环境都逼着父母要做个"好家长"。以前，我们的父母把我们送进学校，就再也不管我们的学习。现在，我们得时时刻刻关注家长群，看学校又给家长布置了怎样的作业或任务。再一看"别人家的家长"那么给力，自己也跟着焦虑了起来。

是啊，"中年孩奴"怎么可能不累？教育在"内卷化"，职场也在"内卷化"。家长若是在职场不努力，也会被淘汰，然后全家都要"喝西北风"。

在一家公司，所有员工都按时上下班，完成8小时的工作量。但突然有新员工到来，自愿加班完成10小时的工作量，以换得领导的欣赏与嘉奖。老员工一看，哎呀，自己不能落后，为了不被年轻人比下去，保住自己的职场位置，也只好打起精神加班，久而久之，10小时的工作量反而成为常态，员工平白多付出劳动，工资却是一样的。

原本的良性竞争变成了拼命，我们都愿意用尽最后一丝力气去换取那以

认知突围：实现人生跨越的关键

毫厘计的竞争优势：宁可累死自己，也要超过对手。

有序的竞争，能增强社会活力、优化资源配置，是能实实在在产出效益的。比如，大家都种粮食，有人纯手工，有人使用农药、化肥、机械，后者可以促使粮食产量大大提高、全社会购买粮食的价格大幅降低……这种竞争，就是有序的竞争。

而"内卷"说的是什么呢？是大家都在拼命地投入，产出却没有相应地增加。大家更累了，但得到的东西变少了。比如，优质学位和岗位就那么几个，但为了比别人多那么一两分的优势，所有人都废寝忘食地去学习、去工作。每个人都更累了，但拿到学位、拿到好岗位的人还是那么几个。

每次看到这种"内卷"现象，我都会感到很无语。

我就想问：大家都放轻松点不好吗？明明大家都轻轻松松地在路上走着，突然有人想要超过别人，于是开始小跑。走着的人一看别人小跑，开始焦虑了，也跟着跑。有的人为了跑赢别人，开始大跑。大跑以后，还嫌不够快，有人开始骑自行车，接着又有人开车、开高铁、开飞机、开火箭……到最后，所有人都停不下来，苦不堪言。

我以前养过小仓鼠，还给仓鼠在笼子里装了一个小滚轮。仓鼠爬到滚轮上踩几步，滚轮就开始转动，仓鼠就只能跟着滚轮跑，越跑越快……我看着仓鼠，当时就在想：我们何尝不是这只可怜的小仓鼠啊？

我们每个人，在这两年，或多或少都感受到了这种压力。同行越来越多，竞争越来越激烈，但自己的收益没有变多。你会觉得自己越来越绝望，看不到头，看不到希望，想直接躺平算了。

（二）

有天晚上，都 11 点多了，我在赶地铁，而地铁里依然人头攒动。

我当时就在想，这个城市的年轻人，哪个不辛苦？他们可能也刚加完班回家。城市是一个巨大的炼钢炉，而我们都是它的燃料。

人类社会从粗放走到精细，"内卷"是必然趋势。古今中外、历朝历代、各行各业，没有一代人能摆脱"内卷"。我们不是在这里"卷"，就是在那里"卷"。

举个简单的例子，广告行业就很"内卷"。

20 世纪八九十年代，敢打广告的人都能发财，哪怕是虚假广告。那时候只要你敢打广告，市场就会买账。好多知名品牌，就是靠打广告发家的。

后来，广告开始走电视台、电台、纸媒投放路线。谁能拿下"央视标王"，谁就有机会成为销量冠军。一个个驰名商标，就是靠砸钱投广告砸出来的，而且一砸一个准。广告文案也不需要多动脑筋，简单粗暴随便写一句话，重复次数多了也能"出圈"，也能来钱。

再后来，广告开始走明星代言的路线，而且代言费越来越高。如果不请明星代言，你烧掉无数真金白银，挠破头皮想出经典的文案和口号，也不一定能把一个品牌烧红。

横向看，广告行业的乙方也越来越"卷"。原先策划、创意是收费的，因为乙方也付出了时间、精力、智力成本，可现在，小项目里的策划费几乎没人收了。甲方拿了策划、创意后觉得不满意便停止合作，策划费也只能当是沉没成本。

炒作领域也在"内卷"。20 世纪 90 年代你找人报道一下自己有特异功能都有大把人信，由此还诞生了一批"神棍"。互联网发展初期，芙蓉姐姐靠几张照片就能出名，到了木子美、凤姐就得靠写文、靠离经叛道，到了直播时代，你再复制他们的炒作手段……谁搭理你？人们的关注阈值也在提高。

其他领域和行业也在"卷"。比如，高考、就业，就连研究生写论文、文秘写领导讲话稿都在"卷"。前人已经站在巨人的肩膀上，你还得站在前人的肩膀上。

所谓"内卷"，说到底就是一个不断填平"缝隙"的过程。就像是先在瓶子里装石子，再往瓶子里装沙子，最后往瓶子里装水……一个比一个精细，但一个比一个生存空间小。

不过，物极必反。"内卷"到一定程度，行业一定会发生颠覆性的改变，创新就会到来。比如，唐诗"内卷"，有了宋词。宋词"内卷"，有了元曲。元曲"内卷"，有了明清小说。古文"内卷"，有了白话文。

算盘、计算器、计算机等的产生，也是不断"内卷"的结果。

过度"内卷"导致人类异化，肯定不行；但不"内卷"，也不行。也正是因为"内卷"从未停止过，社会才有活力，阶层才不会彻底固化，才会有"旧时王谢堂前燕，飞入寻常百姓家"。

社会当然要在适度"内卷"中给年轻人尽可能多的希望、机会和出路。有希望、有机会、有出路，他们是社会建设的先锋队；没希望、没机会、没出路，他们会成为破坏社会的主力军。

以上，是我从社会层面看待"内卷"。

从历史层面呢？我觉得"内卷"也是历史发展的必然，而且这种现象不仅中国才有。

我们再把视线放到历史上。历朝历代，都是在建朝代之后的百年之内，社会发展迅速。别的不说，就说唐朝、清朝。唐朝李世民的贞观之治、武则天的贞观遗风、唐玄宗的开元盛世，清朝的康乾盛世……这个时期，国力强盛，社会稳定，经济快速发展，人口迅速增长。当然，社会变革也最多。每一次变革，都带来了新的风口、新的机遇。

我们现在也是一样的。"70后""80后""90后"，生长在改革开放后的时代。我们能感受到身边的世界正在发生日新月异的变化，动不动就有人创造了财富奇迹，所以我们习惯了这种高速发展。但是，社会不可能一直高速发展，总会遇到瓶颈，这时就会出现"内卷"。

如果把一个时代、一个国家比喻成一辆车，那很有可能就是从高速闸口下来后开始减速的关口，刚好被我们给赶上了。

（三）

"内卷"说的是外部刺激和突破减少，内耗增多，大家每天都做着机械性、重复性的劳动，在工作中感受不到价值感、看不到方向。面对这种"内卷"，很多人感到特别焦虑和无所适从，怎么办？

我觉得可以从三个方面入手。

第一，心理层面。

你以为你面临的这种情况就是仅此一份吗？其实，人类从原始社会到现在，有无数人面临着这样的问题。

现在有个词叫作"职场社畜"，专指在职场中被当作牲畜压榨、频繁加班的上班族。职场人像是拉磨的驴一样，每天过着这样重复的日子。可是，古今中外，绝大多数人过的就是这种生活，这也是普通人的宿命。

原始社会，去打猎、去耕作，哪个不是重复性、机械性的劳动？我们再苦，能有他们苦？动不动就被老虎、狮子追着跑，追上了就被撕碎，这样的日子是我们的祖先一直在过的啊！

我们现代人，在朝九晚五的规律生活中，逐步丧失了生活意义，日复一日地工作却看不见未来，似乎唯有盼着退休等死。可是，我们的人生真的找不到突破口了吗？

认知突围：实现人生跨越的关键

加缪写过一本书，叫《西西弗斯的神话》。第一次听到西西弗斯的故事，我觉得他真是太惨了。西西弗斯是希腊神话中的人物，他甚至一度绑架了死神，让世间没有了死亡。最后，西西弗斯触犯了诸神，诸神为了惩罚西西弗斯，便要求他把一块巨石推上山顶，可那巨石太重了，每次未到山顶就又滚下山去，前功尽弃，于是他就不断重复、永无止境地做这件事。

诸神认为再也没有比进行这种无效无望的劳动更为严厉的惩罚了。但是，加缪认为，惩罚只是形式上的，西西弗斯完全可以在这份工作中找到意义和价值感。或许，他在上山的途中跟同路的乌龟快乐竞赛，在到达山顶的那一刻看见了高山夕阳美景，在下山的路上哼着小曲蹦蹦跳跳。

曾经，有个女性朋友问我："哎呀，羊姐姐，我好羡慕你啊，从体制内跳出去了。"

在她看来，辞职创业是一件很酷的事情。

可是我告诉她，这世界上根本没有一劳永逸的事，辞职创业也不过是从一个火坑跳到另一个火坑。你同样要面临重复性的劳动、难缠的"金主爸爸"，同样需要花费时间、智慧和劳力才能换取物质报酬。

人生的本质就是跳坑，所以，我们要努力提高自己工作和生活的价值感和意义感。

相信很多人听过三个石匠的故事。有三个石匠，每天都在做着石匠活儿。有人问这三个石匠做什么，第一个石匠觉得自己在敲石头养家糊口，第二个石匠觉得自己在做"最好的石匠"，第三个石匠觉得自己在参与建造一座大教堂。

成为"最好的石匠"、参与建造伟大的教堂分别对于第二、第三个石匠而言，就是意义感。因为有了意义感，他们会产生强大的动力；因为有了意义感，他们有了明确的目标；因为有了意义感，他们反而觉得付出是一种幸福。

我这真不是鸡汤。学习、工作的成就感和意义感，很多时候是自己找的。你可以像西西弗斯一样，在推巨石上山的过程中，找到工作的乐子。这种乐子，不是让你去办公室跟同事喝茶、聊八卦，而是自己在正在做的事情中找到意义和幸福感。

第二，技能层面。

克服"内卷"带来的懊丧感，还需要我们付出行动。说白了，就是从技能层面克服"内卷"。

我们都知道，"内卷"的形成是资源变少、竞争变大。那这种时候，你只有增加自己的竞争资源，才能争取到舒适一点的生活。指望大环境为你改变是不可能的。我们要么变得彻底"佛系"，要么积极去适应，别在该奋斗的年纪选择安逸。

我发现，现实生活中很多天天喊着"社会已经内卷化"的人，实际上对"内卷"毫无准备。他们不是不知道这个社会竞争激烈，而是不想也不敢去竞争，整天就希望天上掉馅饼，自己家祖坟冒青烟，能让自己一夜暴富。

很多人的学习能力，从大学毕业后就停滞了。他们真的不愿意去学，不肯学，仿佛自己多学一点就便宜了别人。

现在有个词，叫作"信息茧房"，说的是人们的信息领域会习惯性地被自己的兴趣引导，从而将自己的生活桎梏于像蚕茧一般的"茧房"中的现象。比如，你刷抖音刷到了一个狗血视频，数据算法就认为你对"狗血"感兴趣，不停给你推送狗血剧。其实大家想一想，我们是不是也是活在一个又一个的"信息茧房"里？你爱学习，你的茧房就大一点，将来你就可以更从容地面对竞争。你不爱学习，原地踏步，那你就是作茧自缚。

活到老，学到老，多学点东西，多掌握一点技能，增强自己的实力，终究是没有坏处的。

第三，正确面对竞争。

在我看来，竞争是人类社会进步的源泉。我们能降临到这个世界上，也是形成你的那枚精子跑赢了其他精子的结果。人类若是不面对竞争，绝对走不到今天。

我们看看身边那些有出息的人或企业，如果不是面临着激烈的竞争，根本就不可能焕发活力。竞争摧毁了我们，但同时成就了我们。

对于普通人来说，意识到这一点之后，再看看身边的人，悲悯心就会变得多一些。大家不过是为了讨生活而已，不必非要跟别人拼个你死我活。

学习阶段的同学也好，工作阶段的同事也罢，对于我们来说也是一种非常重要的人脉资源。同学、同事之间存在竞争关系，但同时是彼此的队友，我们可以把同学和同事当作对手，但不要当他们是敌人。

大家都是在一个集体中讨饭吃，有十几年甚至几十年的时光在一起度过，人生能有几个十几年、几十年？所以，要珍惜这种缘分。

一个集体搞一场篮球比赛或者其他比赛，自己所在的集体获得了第一名，我们是不是内心深处也会有某种荣誉感和幸福感？这种感觉，就是队友带给我们的。

所以我们要调整自己的心态，要能克服嫉妒。

前几天我还看到一个新闻说，某统计局有员工因为不满上司对干部任免的安排，给所有办公室的桶装水里注射药物。我觉得这真的是太蠢了。

蠢人看到比自己牛的人，第一反应是嫉妒；接下来，他们的心理活动是：他比我牛，我要想方设法绊倒他、除掉他。

庸人看到比自己牛的人，第一反应也是嫉妒；接下来，他们会想：他比我牛，我好自卑啊！

牛人看到比自己牛的人，第一反应还是嫉妒；但接下来，他们会思考：我要怎么向他学习呢？我可不可以跟他合作共赢呢？

想要做哪种人，就看你的格局有多大了。

机会只会眷顾那些勇于主动出击的人

（一）

著名导演张艺谋当年给电影《一个都不能少》选女主角，要求演员是一个农村教师，气质必须够"土"，性格足够倔强。如果找科班出身的演员，可能她们大多长得太漂亮或举手投足间难有"土气"，不符合人物形象，于是，剧组到各地农村、乡镇寻找适合的演员。

副导演郦红在河北镇宁堡村选村长的角色时，看到了一对在村口玩耍的双胞胎姐妹。这两人就是魏敏芝和魏聪芝，敏芝是姐姐，聪芝是妹妹。

聪芝的形象更好一些，长得更朴实，眼神也更纯净，副导演先是看上了她，然后问她："你会唱歌跳舞吗？"

原本平时爱唱歌、跳舞的魏聪芝看到陌生人来，特别紧张，不敢开口，躲到了魏敏芝身后。

副导演又问魏聪芝："你想演电影吗？"

魏聪芝回答："这我得回家问问妈妈。"

姐姐魏敏芝却很善于抓住机会，她大胆地毛遂自荐，还现场跳了一段舞，只是为了引起副导演的注意。这个从来没有演过电影的女孩，主动跟副导演说她敢演电影。

随后，魏敏芝就成为候选人之一，和其他人一起进入选角比赛。

据说，导演最终选定她，是因为在所有的候选人中，就她敢扯着嗓子喊台词，而其他候选人则有点放不开。

《一个都不能少》杀青之后，魏敏芝回了老家，继续过着边上学边做农活的生活。后来，电影上映，在国外获奖，全国人民都知道了魏敏芝。

面对未来，魏敏芝有点迷茫，她去请教张艺谋，张艺谋跟她说："你成功出演了一部电影，只能说你的人生多了一份不同的经历，这一件事不能改变你的命运。你不要听别人夸你是大明星就沾沾自喜，我希望你冷静下来，你不适合进入娱乐圈，我也不希望你进入娱乐圈。但是你能考上一个好的学校，好好学习，从现在开始，这是很重要的事情。"

当时，石家庄一所中学的校长看了电影后，主动邀请魏敏芝和她的妹妹来这所学校学习，她们的学费全免，并且每月补贴她们300元，还安排她们的父母到学校工作。

魏敏芝参演电影的行为，相当于改变了全家的命运。

高考前夕，西安外国语大学西影传媒学校邀请魏敏芝报考他们学校，并且说她要是能考上，可以为她免去1.1万元的学杂费。魏敏芝刻苦学习，果真考上了这所学校。在学校里，她参与了电视剧的拍摄并自导自演了电影。

当时，美国一个大学教授在做助学项目的过程中注意到了她，专程去拜访她，还跟她说："如果你能考过托福，我就推荐你来美国上大学。"

英语基础很差的魏敏芝又开始死磕英语……两年后，她以英语口语过关、笔试最高分的成绩进入了那所美国大学，并且学费全免。

入学后，她甚至成功主持了一场双语音乐会。在大学里，她邂逅了美籍华人刘锦辉，并和他结婚生子。与此同时，她一直在从事自己喜欢的导演工作。

在电影《山楂树之恋》的分享会上，她突然出现，给了张艺谋一个惊喜，并在现场感谢张艺谋给她的人生推开了一扇大门。而她的妹妹魏聪芝后来也成为一家报社的记者，只是她的人生高度确实没法跟姐姐相比。

魏敏芝可能是"谋女郎"中发展得最不好的一个，但对于一个普通长相的农村女娃来说，这已经算是人生的逆袭了。

著名主持人撒贝宁在上大学期间，能当上北大广播电视台副台长，也是因为有这种勇气。

老师在台上询问："谁做过电台节目？谁觉得自己能当这个台长啊？谁的普通话说得好？"

撒贝宁想都没想就举起了手，而且没人跟他竞争。其实，当时的撒贝宁说的只是一口流利的武汉普通话，也没有做过任何电台节目。

这个小小的机会被撒贝宁争取到了，也为他后来进入央视奠定了基础。

无独有偶，得过"飞天奖"的女演员热依扎在《甄嬛传》片场试戏时，导演问她会不会骑马，她说自己会（其实不会），事后立马狂补骑马技能，赢得了这个机会，并拥有了一定的名气，为自己的演艺事业打开了局面。

上述三人的故事充分说明，普通人也会有被幸运之神眷顾的时候，关键是看你能否把握得住这些机会，并且为达成目标不懈奋斗。

当然了，遇到一个你认为挑战不小但通过努力可以做到的机会，你先把大话说出去了，再辅以相应的努力实现"大话"，你就可以缔造传奇；如果只会说大话，不努力，那就是一个"谎话精"。

（二）

我发现，优秀、敢闯的人，总是特别有勇气、有执行力。

勇气，是一种看不清、道不明的东西，可就是这种东西，对大多数人来说是奢侈品——见过，但并不是都具有。

我自己有时候也很缺乏勇气，尤其在我感到自卑和虚弱的时候。

可是，我后来慢慢明白了一件事情：正是因为大多数人不具备勇气这种奢侈品，所以那些有勇气的人才能突围。在很多事情上，你只要有勇气做点别人不愿意做的、有点难度的事情，你就很容易脱颖而出。

勇气，也是实力的一部分。而勇气来源于自信，自信又来源于实力。如果一个人能让自己进入这种"良性循环"，就会产生复利效应。

我自己也是在主动出击的过程中，获得了越来越多的机会，继而在这些机会中获得成长、积累实力，一步步走到今天。

就拿离婚来说，它也是一件需要勇气的事情。对我们这种离过婚的人来说，离婚就像切除一个早期发现的恶性肿瘤，你痊愈了之后只会感到庆幸，再想起那场手术也不会觉得有多可怕。

但我发现有些人对婚姻的依赖度很高，离婚对他们而言是一件很可怕的事情，平日里过得再委屈都不会往那方面去想。

我辞职创业时，很多人表示非常不解：你是单亲妈妈，没有后援和退路，那么稳定的工作不干，干吗要去冒险？

我回答，离婚让我洞悉了世事无常，有时稳定才是幻象。极幸运和极不幸的人在人群中只各占10%，剩下80%的人在智商、技能、运气等方面相差无几，是勇气和毅力决定了他们能走多远。

人在职场中要有不怕辞职的勇气，在婚姻里要有不怕离婚的勇气，甚至在生活中要有不怕死的勇气……我说的有这种勇气，不是让你去辞职、离婚或者死，而是有了这种勇气打底，职场、伴侣乃至世界，都不大敢欺负你。

很多事不是因为难才怕，而是因为你怕才难。

怕出丑，怕失败，怕这怕那。很多事情，还没开始做，自己就先胆怯了。

我们每天喊着要征服这、征服那，其实我们最先应该征服和战胜的是自己。那些来自我们内心深处的恐惧和懦弱，就像是一条欺软怕硬的狗，你越是害怕，它越是跟着你。你若是敢拿起武器直面它、挑战它，它就一溜烟跑了。

战胜了自己，你就有了胜算。因为90%以上的人止步于"战胜自己"这个阶段。你有勇气做那10%，这一步棋你就赢了。而人生的棋盘，正是由这样一步又一步的棋组成的。

如果你是一个女性，那身上就不要有过重的"女人不能干啥"的束缚；哪里有路，就勇敢往哪里闯，并且勇于为自己的每一次选择买单。

如果你还年轻，更要趁年轻生出勇气、主动出击，拿下每一个提升自己的机会，不要"再等几年"。因为机会稍纵即逝，而且绝大多数人的"鲜活热辣"只停留在人生的前半段；到了人生的后半场，因体力、年龄等限制，绝大多数人会归于沉寂。某些事，你年轻时候都不敢做，就别指望老了以后再去尝鲜和拓荒了。

趁年轻，尽力搏、尽情爱

我的中年状態相比很多人来说，已经算好的了。

作为一个一穷二白的"农二代"，35岁前我有了一份令人满意的学历背景、比较广博的知识体系、实用的技能储备、深厚的人脉网络、颇为可观的财富积累，哪怕我不再工作，也能养活全家人。

但是，中年人的荣耀以及与之相伴的疲累，我也都感受到了。我有房有车有公司，公司离家不到五百米，很多事可以"自己说了算"，但我还是对自己的现状不够满意，因为我总觉得自己年轻时不够努力，现在才会感觉时间不够用。

二十来岁的时候，大把的时间不知道该拿去哪里挥霍；三十几岁的时候，时间不够用了，体力、精力也大不如前。如果让我穿越回去，告诉二十出头的自己一句话，我会说：趁年轻，别虚度光阴，好好学习、提升、打基础，这样，你三十几岁时会过得从容一些。

如果让我跟二十几岁的年轻人说几句心里话，我想跟你们说下面几点（家里有矿的除外）。

第一，考个好成绩，读一所好大学。

如果你不是天赋异禀的天才，只是一个普通人，那么，学历就是你找工作的敲门砖。考个好成绩、读一所好大学、拿一个高学历，你接触到的大概率是比较自律、上进的人，而且，你在人才市场上的待遇会截然不同。就拿我自己来说，若我不是我们市的高考状元，可能会在求职时走更多的弯路。

靠学历这块敲门砖找到的第一份工作，其实还是很重要的。你的技能、人脉、资源、薪酬等都会沉淀在那里，对你的人生会造成潜移默化的影响，之后你很容易形成路径依赖，而转行需要付出的代价是很大的，也不是每个人都能遇上好一点的、换赛道的机会。

有些年轻人痛恨"以学历论英雄"这个标准，是因为他们不了解企业招人的底层逻辑。咱们来分析一下：

不同的岗位，要求不同。越是知识技术含量高、对求职者上手速度有要求的重点岗位，对学历、专业、经验等越是卡得比较死。招个学历低的，很多时候公司不仅在浪费钱，还浪费了宝贵的时间。

人做事情的专注度、敏锐度、毅力等，有时候真的跟学历水平成正比。高考本就是一道筛子，它筛选的标准不是"谁更会做题、答卷"，而是专注度、记忆力、毅力、时间管理能力等。换言之，在这些跑道上，低学历者就没跑赢过高学历者。到了职场，用人单位倾向于录用高学历人才，也不过是高学历者竞争优势的延续。

我之前供职的单位，入职门槛是重点大学硕士研究生学历（双证）。我自己是双证硕士，可在单位里只能算是学历一般的。因学历相似，跟同事沟通、交流起来不会太费劲。而如你所知，沟通成本才是职场中最高昂的一项成本。

出来创业之后，我认识了形形色色的职场人，总体发现这么一个规律：人对自我的认知水平跟学历成正比。越无知的人越自大，越无法正确地评估自己。若是遇到那种没有自知之明的人，老板会非常头疼。招聘这种人入职，相当于给自己招聘了一个麻烦。

用人单位用一条学历线把你卡在门外，不一定是人家认可"学历等同能力"这个观点，也不一定是你无法胜任这份工作，只是为了节省筛选人才的成本。在高学历者中找一个重点人才，难度确实比"不设学历门槛"要小很多。正如去金矿产地挖金子，大概率比随便掘地三尺更容易成功。用人单位也会去衡量这个招聘成本。

另一些对知识、技术、能力要求并不很高的岗位就不设学历门槛，是因为用人单位的核心需求是用最小的成本招到最合适的人。换言之，谁好用、谁便宜，我就用谁，不问出处。

当然了，毕业生与其纠结用人单位为什么非得用学历这条线把自己挡在门外，不如去提升自己的实力和竞争力。你是谁比你有怎样的学历水平更重要。学历只是一块敲门砖、一个标签，真正决定你能在职场中走多远的是"你是谁"。

第二，多阅读，多看书。

咱们看金庸小说，总能发现一个特点：小说中的人物打架，那些招式花哨的总是不如内力深厚的。招式易学，但内力难练，所以，很多人只是去学花招。但是，想要在江湖上行走并且走得远，靠的还是内力。郭靖的武功招式花哨吗？根本不。他从不贪多，也不心急，稳扎稳打，最后也能成为大侠。

什么是我们现实生活中的"内力"？我认为是我们积累的知识和技能，而读书是你以最低成本快速积累知识、更新知识体系、了解世界的方式。

自古以来，人类社会的竞争，几乎就是信息竞争。买房、炒股、经商等，各行各业，都是"得信息者，得天下"。信息获得方式分多种，而对普通人来说，最低成本的方式就是好好读书。掌握知识后，你做事情确实可以事半功倍。

举个简单的例子，我们要去捕鱼。知识水平低的人，只能看到哪里有鱼，然后用叉子去叉，这种方式非常低效并且成功率低。知识水平一般的人，可以通过长期的观察和实践，分析出"哪里的鱼群比较聚集"，然后拿网去捕捞。知识水平高的人，甚至可以通过分析鱼群的游动和繁殖规律、洋流走向等因素确定暖寒流交界处的鱼域，这种就是专家级别了。

我们现在学的知识，是人类在失败、吃亏无数次后得出来的思想精华。相比懵懵懂懂的原始人、古代人，我们现代人已经拥有获取这些高精尖知识的便利，那我们更应该珍惜这种机会，让它为自己所用。

每个人都只有一辈子的时间，这些时间到底该怎么用才能发挥最大的效用，很大程度上取决于我们的信息获取能力。这个能力越高，你的人生大概率就会越轻松。可是，人到中年，你很难抽出一整块的时间去进行系统性的阅读，大多数时候只能通过碎片化的阅读给自己的知识体系"打补丁"。我现在绝大多数"主干知识"是大学泡图书馆获得的，受益至今，所以，我鼓励年轻人——趁年轻，多阅读。

第三，好好对待每一份工作，并在工作中提升自己。

年轻时候，我以为工作是为单位做的、为老板做的，可现在才发现，其实一直都是为自己做的。你学会的知识和技能是会长在自己身上的。你曾经以为没用的东西，搞不好哪天就会派上用场。比如，开车、游泳、Office 软件、公文写作、设计等。每一次经历，最后都会沉淀在自己的生命中。

我自己是靠写作吃饭的，以前很烦要写这个写那个，但现在忽然发现，没有一行字是白写的，当时用不到，以后有机缘了也定然能用到。比如，以前在工作岗位上我看了海量公文、写了海量公文，被公文折磨到"头秃"，但我在做这份工作的过程中学到的知识和积累的经验，让我在辞职后还得以出版公文、写作书籍，成为公文写作培训师。

过去那么多年，我也有过很"恋爱脑"的阶段，但自始至终没有放弃工作或者不敬业，该升的职升了，该涨的薪资也涨了，但我还是为自己的"不够努力"感到汗颜。

我本可以利用工作机会多学一些东西，多结交一些人脉，多积累一些资源，但我那时没有未雨绸缪的心态，我只抓住了一部分机会提升自己，因懒惰和懈怠错过了另一些机会。如今想来，还为自己的不够上进感到遗憾。

少壮不努力，中年徒伤悲。把苦放在前面吃，走到"人生负累重"的阶段，你真的会轻松很多，因为随着年纪的增长，你只会越来越吃不起苦，即使有心，也力所不逮了。

第四，学会攒钱。

我们都知道建立自信很重要，而自信是建立在底气上的。我觉得靠化妆打扮去建立自信完全是舍本逐末，真正有用的方法是改善自己的财务状况。一个稳健的经济基础是你的底气和保障。你永远不该让自己的财务状况差到破坏你自信的程度。没有自信的生活只能叫作生存。这些话说起来很刻薄，但道理就是这么个道理。

年轻时不要"月光"，还是得攒钱。病了老了，有钱没钱的感受完全不一样，不信你去医院走一趟就知道了。

以肠胃镜检查为例，传统方式往往伴随着显著的不适与疼痛，但费用相对较低，仅数百元，无痛肠胃镜近 2000 元，胶囊肠胃镜近 5000 元，随着检查方式的升级，痛苦程度依次减轻。后两者都有 VIP 服务。你多付点钱，环境和服务都会好很多，排队时间也少很多。

都说"年轻时拿命挣钱，老了拿钱买命"，可是，不管你年轻时候是否苦累、是否拼命赚钱，老了都会身体器官老化、疾病增多，你就得拿钱买命、买健康、买舒适。

这真的是很现实的问题。所以，趁年轻积攒点"养老钱"是很重要的。

攒钱也有复利效应，它会积少成多。我第一套房的首付，全都是我攒出来的。由于赶上了房价飞涨的红利，我当初攒下来的 30 万元后来至少撬动了 600 万元的涨幅，那也是我人生中做得最好的一笔投资。

年轻时，该花的钱当然要花，但没必要太放纵自己、为满足虚荣心而搞奢侈消费。人到中年，你会发现，金钱比你想象的要重要很多。

第五，好好选择你的伴侣，他是你重要的人生合伙人。

伴侣选好了，到中年可以对冲你的一些人生风险。在这方面，我是做得不及格的人。还好，我发现自己选错了，并选择了及时止损。我只能安慰自己：婚前我已经尽力考察了，我也想不到我一怀孕人家就要出轨。那时候我太年轻了，他也是。

有句话不是说"年轻时才会发生故事，上了年纪遇到的全是事故"吗？年轻时候的一腔赤诚是不可再生资源，成年人的世界就只剩彼此设防、算计以及随之而来的倦怠。有些事，更适合在某个年纪做。过了那个年纪，就再也没有那个味道了。

年轻时你遇到的人、选择的伴侣，在某种程度上能改变你的人生航向，所以，请好好选择、好好爱。如果选错了，就要及时止损，不让婚姻继续拖累你剩下的人生。有好的伴侣助力最好，若没有，至少不要被他拖后腿。

至于遴选"人生合伙人"的标准是什么？我提供其中一个标准：聪明的好人。

聪明人会和伴侣一起积极建设合伙型家庭责任公司，他们能算得清楚经济账、道德账以及做每件事的投产比。找个聪明人，即使你们的婚姻遇到问题，他可能也会想到办法解决。若是不巧找了个智商低的，人家在婚姻内部一遇到问题就去外部求解，大干"损人不利己"的破坏之事，到时候受伤的就是你。

很多人择偶时，最容易被"对我好"吸引，可是，"对方本身是个好的人"才是最重要的。对你好，是变量；"本身是个好的人"，才是定量。在定量的基础上，再去追求变量，这种选择才更科学。

第六，多学知识和技能，做一个终身学习者。

前段时间，公司开年会，我在会上跟公司的"95后"小伙伴们说了几句话，大意是：到了三十好几的年纪，我才后悔年轻时没有多学点东西。只有过到中年，我才真正意识到年轻时我浪费了多少时光。如果我当初再努力一点点，或许现在也就没那么被动了。

到现在，上有老下有小，体力、精力明显不济，想起年轻时荒废的时光，百爪挠心。比起年轻时，人越往后走越容易呈现一种捉襟见肘的窘况，不管是时间上、精力上还是信心上。

所以，年轻时能多拿个证儿、多学一点技能，就去做。到了中年你的负累变多、时间变少，想学技能也可以，但学成的速度一定会比二十几岁时变慢很多。

第七，想生娃就早点生，养娃拼的不仅是财力，还有体力。

我29岁刚买车的时候，很兴奋，带着孩子自驾游，去了很多地方。那种"自己抓住方向盘，想往哪儿开就往哪儿开"的感觉很爽，仿佛自己也一手把控了自己的人生。但这两年，我越来越不喜欢开车，因为开车对我来说是干活，是一种"体力活＋脑力活"。开车很费腰，精神还得高度集中，观察路况、控制车速等。往往等到达目的地，一瘫软下来就觉得特别累。

你会发现，精力这东西就像是气球里的气体，放一点，气球就瘪一点，到了关键时刻你就支棱不起来……所以，真得省着点用，要把精力"花在刀刃上"。为什么我让合伙人把公司办公室租在离家步行五百米就能到的双地铁口？一方面当然是方便招聘员工，让员工一下地铁就能到达公司；另一方面也是为了节省我的通勤时间和精力。

你很难说清楚你的精力花去了哪里，但有了孩子后，你确实会面临"精力不济"的问题。比如，你出差回来，可能还得管孩子作业；你累到不行的时候，孩子还要找你玩；今天孩子的鞋穿不了得买新的，明天孩子的裤子又短了得买新的……很多琐碎的事情，啃噬着你的精力……一点点累积起来，好大一笔"精力"就花出去了。而这些事情，会影响你在某个领域做出成绩。如你所知，做任何事情都需要时间和精力，你的时间和精力在别的地方消散掉了，留给某个领域的就变少了。

养孩子是极其需要精力和财力的事情，尤其是精力。所以，如果你想生育，尽量不要拖到 40 岁以后，不然，当你的更年期遇上孩子的青春期，日子可能会过得鸡飞狗跳。

第八，设置底线思维，少点无谓的内耗，把时间、精力、金钱花在刀刃上。

我一直觉得，我们在做决定的时候，不应该只想到这一层：我想要那个，所以我要走这条路。我们在做决定的时候，要这么思考一下：想要那个是吧？好的，但是，请想象一下走这条路最大的风险点在哪里。如果出现了这个风险点，你依然能为自己的选择兜底，那就勇敢去吧。如果不能，请三思。

比如，你想结婚，可以奔着"我要幸福"的目标去，但你要想清楚：万一不幸福，我是否离得起婚、离得成婚？

又如，你想生子，也可以奔着"我想要亲子乐趣"的目标去，但你要考虑明白：万一孩子爸爸不管孩子或者英年早逝，我是否有能力独立把孩子抚养长大？

再如，你想炒股，你当然可以奔着挣30%的收益目标去，但你要问自己：万一亏损了50%，这个后果我是否能承担？

复如，你想创业，你当然可以做暴富梦，但你要给自己做好风险规划：万一创业失败，我愿意为这个决定买多少单、赔多少钱？

这种思维，也可以运用到家庭关系中。如果我们在家庭中感受到被欺辱，我们是不是有底气去反抗这种欺辱？

你当然可以任性，年轻就是用来任性的，但要适可而止。要记住，坚决不走邪路、不交邪友。

遇到风险太大的事情，三思而后行。尽力少做自我内耗严重的事情，让头脑保持清醒。

第九，爱护自己的身体。

成功有一个很大的要素是要身体好。

武则天十几岁就能驯烈马，跟李治生了五六个孩子，还能帮他打理朝政，67岁登基，在皇位上干了十几年，直到81岁才去世。

她登基的那个年纪，换很多人可能差不多是要准备入土的年纪了，对人生已经没法再有什么幻想，而她的另一段旅程才刚刚开始。

司马懿也是身体好。曹操说他有"狼顾之相"，想要提防他，可曹操都死了，他没死；曹操的儿子曹丕死了，他没死；曹操的孙子曹叡死了，他还是没死。他打不过诸葛亮，但把诸葛亮熬死了。在古稀之年，他还能打倒自己的政敌曹爽，取得军政大权，为司马家开启西晋时代打好了基础。

　　成功需要积累。体力不行的人，可能还没到"摘果实"的时候就挂掉了。一旦老天想从肉体上消灭你，你再怎么扑腾都没用。意志上的强大和精神上的乐观，在病魔面前脆弱得不值一提。

　　所以，爱护身体才是第一位的。

　　我说的以上这些，有些我也不能完全做到，但如果你二十几岁就意识到并且付诸实践，相信我，你的中年生活大概率不会太被动、太狼狈。

第 2 章

向内领悟，
追求人生高度

学会欣赏优秀的人，而不是嫉妒

（一）

我刚参加工作那会儿，单位搞新员工培训，组成了一个培训班，班里有五六十人。在那个班里，有个男生长得还算帅气，也颇有文艺才能，歌唱得很好，只是为人有点高调、爱出风头。

现在想来，我可以理解他那种爱表现的嘚瑟劲儿，二十出头的年纪，刚刚参加工作，想在单位的领导面前多表现一下自己，也是正常的。但是，他的这种爱表现，对班里的男同学形成了一种冒犯，很多人看他不顺眼。只要他上台演讲或者号召个什么事情，大家就起哄、不买账。

培训结束后，我们搞了一场告别晚会，毕竟第二天大家就要各赴岗位。晚会过后，男生们相约出去吃夜宵。那个男生本来不想去，因为他酒量不行，还有点酒精过敏，但那么多人要求他"给面子"，他也耐不住软磨硬泡，还是去了。

去吃夜宵的结果，就是次日他喝到爬不起来，据说喝酒当晚也是由其他男生把喝得人事不知的他抬回宿舍的。

我在一次饭局上听说了这个事情，弱弱地说了一句："其实他也没有做错什么。"有几个男生立马接话："我们就是看他不爽。"

再后来，他离开了基层，又升职了。那晚灌他酒的一个男同事，听到这个消息后，恨恨地吐出来四个字："小人得志。"

时间哗哗地流过，一转眼我们已是中年，所有人都在生活的重压下，步履沉重。那个唱歌唱得很好的男生，如今已发福，不再帅气，而且再也不在大庭广众下唱歌。那些曾经灌他酒的男生，依旧在一线基层工作，拿着一份死工资，抱怨社会不公。

其实，我当时在培训班上也感受过这种排挤和恶意。

培训老师在台上让大家做一个自我介绍，同学们给出的自我介绍都是经典的三段式"我是谁，我多大，我来自哪里"，而我别出心裁地介绍自己是"产品"，把生日说成"生产日期"，把籍贯说成"原材料取材地"。老师觉得我的自我介绍挺有意思，表扬了一下我。结果，下课后，很多女生揶揄我："你咋不报自己的三围呢？"

那一刻，我深切地感受到了什么叫"木秀于林，风必摧之"。一个人在集体中若是表现得有点突出，那么，随之而来的就是集体对他的打压。若是这个人心理承受能力弱一点，就会恐惧这种打压，进而说服自己要平庸，因为平庸意味着安全。可事实上，那些针对某个"出头鸟"的打压，何尝不是另一种恐惧？

（二）

据我这几年的观察，凡是在文艺方面有点才华的人，在集体中承受的恶意还是蛮大的。他们在职场里的受欢迎程度，可能远不如那些在饭桌上能喝的人。

才艺突出者，更容易得到领导的亲近，而有些单位又不是一个完全能凭业务能力出头的地方，更多的时候遵循"得领导时间者，得天下"的规律，所以，领导的司机可能比一个业务骨干升职要快。

才艺突出者，经常在单位大型活动或晚会上"出头"，容易被领导记住，这是很"招人恨"的。即使他们最终是靠自己的业务能力升的职，但最后得到的评价可能会是"不就是一个戏子嘛"！

我有个朋友长得漂亮，主持、唱歌功力都很不错，平日里对工作认真负责，沟通协调能力极好，而且待人非常友善，跟领导相处也很有分寸感。我还蛮喜欢跟她打交道的。可纵然如此，很多人讲起她，也总是一句"她不就人长得靓点，不就是一个只会主持、唱歌的戏子吗"。

没办法，一个人只要比别人优秀点，可能就会遭受恶意。

东野圭吾在《恶意》一书中写道："我恨你抢先实现了我的理想，我恨你优越的生活，我恨当初如此不屑的你如今有了光明的前途，我也恨我自己的懦弱，我恨我自己运气不够、才能不够。我把对我自己的恨一并给你，全部用来恨你。"

上文中的"我"，可能是你的朋友，也可能不认识你，但是，只要你稍微过得比他好一点点，他就恨不能杀了你。又或者，哪怕你没有做任何伤害别人的事情，哪怕你也并不比别人优秀，也总有人会看不惯你、看你不爽，接着向你撒播无来由的恶意。虽然你的悲惨不会让他们的生活变得更好，但他们还是盼你不好、盼你惨死。

你们知道人的恶意有多容易产生吗？你长得美、过得好、在某一领域出色能干，有人会因为嫉妒而对你产生恶意。这种恶意，是最普遍的。你不需要做错什么，因为你的存在本身就会对一部分人形成莫大的冒犯。

有一种恶意，则是来自被拒绝。比如，山东招远麦当劳杀人案，女顾客仅仅因为拒绝给联系方式，就被活活打死。

还有一种恶意，则是来自不被垂怜。比如，领导提拔了A，没提拔B，A

就被B恨上。有人免费得到了礼物而有人没有，那么，没得到礼物的，会对发礼物的人产生恶意。

我曾经在某乐园看到一个大骂工作人员的老头。在暖场环节，乐园演员给台下观众随机扔出几个小毛绒玩具做礼物，老头想抢给自己的孙子，但工作人员没有朝他坐的方向扔……结果，他骂了演员好几分钟。

遇上这种人，真的没道理可讲……这就是纯粹的天灾，是活该要倒这样的霉。但长远来看，你说谁更倒霉呢？当然是随时随地对他人产生恶意的人。他们不需要倒霉，因为他们是"霉"本身。从恶意丛生那一刻开始，他们的人生就已经发生了癌变。

（三）

我出第一本书的时候，还在体制内单位工作。那本书一出来，我就承受了很多"不怀好意的凝视"。他们抱团说我坏话，大意只有一个："为什么我这么忙，而她却有那么多的时间去写作？"

还有人质疑我非法搞外快，仅仅是因为那本书确实收获了一点微薄的稿费，还说要举报我。可是，他们的工作那么"忙碌"，肯定不是因为我把业余时间都花来写作造成的。连官员写书拿稿费都不算违法违纪，何况是我？

他们只是单纯见不得别人好。别人跑前面去了，他们的第一反应不是去学习、去合作，而是"快！把那人拉下来"！

"当年明月"当年在天涯论坛更帖《明朝那些事儿》，火得一塌糊涂。大家疯狂追看，结果惹来了该领域版主和一些网友的不满，引发了一场严重的网络暴力。为了阻止"当年明月"继续更帖，这些人干了很多令人不齿的事情。

在这起纠纷中，"当年明月"一直保持隐忍姿态，从来没有诽谤和主动攻

认知突围：实现人生跨越的关键

击过版主，连辩解都少得可怜。"当年明月"不得已转场到了新浪，一去就荣登文学博客第一，书籍销量也很快突破100万册。2007年，"当年明月"就以数百万元的稿费收入，进入了作家收入排行榜前十名。再后来，实现财务自由的"当年明月"去了北京，坚定地走了仕途，并且发展得很好。

我一直在想，这个版主如果在"当年明月"横空出世、风头完全盖过自己时，格局能稍微大一点，稍微提携一下小辈，或许"当年明月"也可以成为他的一条人脉。这样的人，人生路会越走越宽。

我在网上认识的一个姐姐是"70后"，最早是小学老师，后来创业，就赶上了20世纪90年代那一波下海狂潮，挣到了钱，于是早早就在广州买了房，后来找了一个本本分分的丈夫结婚生子。

那时候，她的公司盈利能力特别强，一年挣好几百万元，可在孩子3岁的时候，她却把公司关了，一心只想把孩子培养好。好多人觉得她疯了，但她就是坚持这么做，并且还真把儿子培养得特别好，儿子三观很正，还考上了北大。

这位姐姐就在博客上写自己的育儿心得，聚拢了一批"粉丝"，帮助到了一些人。儿子上大学后，她也有时间了，就开了一家培训机构，又赶上了风口。有几个熟人见她赚钱了，特别眼红，就在网上造谣、给她泼脏水。不仅给她泼，也给她儿子泼。她当时特别难过，但心里还是憋了一股气："你越不让我干这事儿，我就越要干起来，而且我要干好。"

因此，她还是把这家培训机构开起来了，开得特别好。很多"学渣"到了这家培训机构实现了逆袭，家长们的黏性也特别强，一个介绍另一个来。她也没有雇用营销团队，但一年纯利就有四五百万元。等到"双减"政策来的时候，她也赚得差不多了。而那些给她泼脏水的人，孩子没培养好，家庭也不行，后来干什么都干不成。

第 2 章 向内领悟，追求人生高度

（四）

我认识的一个老板，是某行业的大咖。早些年，他想把军工国产的 A 系统推到自己的家乡，他也在当地投资了 900 万元。但是，他的做法动了既得利益集团的"蛋糕"，原先推广进口 B 系统的竞争对手视他为最大的威胁。

随后，令他人生中最烦躁的"被黑"就开始了。有人甚至为他建了一个网站（服务器设在境外），专门"扒皮"他。而所谓扒皮，绝大多数是断章取义、不实消息。比如，他跟合作女客户拍了张合影，网站就说那是他的小三。还有人不停举报他，说他在推广 A 系统的过程中，行贿当地官员。这样一来，他和跟他接洽业务的领导，隔三岔五被叫去配合调查。

这个网站的服务器在境外，他没法请求国内的网络管理、司法力量介入，甚至都没法起诉。跟他接洽业务的领导，也劝他放弃算了。总之，因为阻力太大，这个事情就推动不下去了，他投资的 900 万元也打了水漂，他满怀愤怒和失望地退出了当地市场。

随着他的退出，那个网站也因为没有续交服务费，慢慢停摆了。

故事当然还没有结束。

几年后，他推广的 A 系统，在除了家乡之外的其他城市全部落地成功，创造的利润早就覆盖了当年 900 万元的损失。而随着国家对信息系统安全的重视，进口的 B 系统因数据安全问题被国家叫停，他原先的竞争对手想转型，但已经被时代浪潮抛弃了。

这位老板，在我看来其实是一个非常优秀、格局很大的人。他的奋斗史，也是一个激荡人心的故事。

他出生在一个农民家庭。恢复高考后，他觉得这是一个改变命运的机会，也去考，但没考上，然后就在村里帮加工厂干活，贴补家用。但他觉得自己

认知突围：实现人生跨越的关键

不能就这样在村里待一辈子，还是得去外面闯荡，就拿了家里仅有的一点钱，来到广州摆地摊。

他卖的是什么东西呢？他发现那时候好多广东人宁肯不买碗碟，也要买菩萨，就进了好多陶瓷菩萨卖，还得偷偷摸摸卖，因为这是"封建迷信品"，被发现了要没收的。

那时候是20世纪80年代初，他才十六七岁，但是因为要做生意，他开始全国各地跑……可当时做生意的环境哪像现在这么开明啊！他要离开家乡，都得找政府批条子，有些生意动不动就被当成投机倒把。

1981年，他赚到了1000元。按照房价水平来计算的话，相当于现在的几十万元。但他觉得，靠摆地摊赚不了大钱，还是得找个组织，然后在组织里认识更多的人，将来好跟这些人合作。于是，他报名参了军，去了西藏那种条件很艰苦的地方。当兵一年，他很刻苦，想考军校，但视力不达标，没被录取。部队领导看他上进，就把他送进无线电通信培训班。他在那里开始接触无线电技术。

四年后，他复员回家，先是去台资工厂打工，收入比当公务员还好，后来又跳槽了几个工厂，都是台商、港商、外商。他忍受不了工厂对工人的"996"剥削，带领工人抗议，结果，工人的待遇倒是改善了，他却被开除了。

他也无所谓，反正就在这些外资工厂里做，什么岗位都去尝试，最高月薪6000元。要知道，那会儿6000元可以买一辆车了。家人朋友想不通他有这么好的待遇，为什么不好好待在一家工厂里干，可他只是想在这些岗位上学习经验，因为他是要自主创业的。

就这样学习了七八年之后，他开了自己的公司。那是20世纪90年代初，营商环境比80年代好了不少。他先跑运输，后来卖涂料……那是中国制造业的黄金时代。全国人民都很缺商品，只要你造得出来，几乎不愁卖。就这样，他积攒到了丰厚的第一桶金。别的工厂还在不断提高销量的时候,他先人一步搞创新,在国内首次推出了真空蒸煮用涂料。

如果顺着这条路走下去,他能赚到不少钱,但他觉得,早晚有一天,这些东西的市场也会饱和,然后他又涉足了无线电通信行业。这是他的老本行,加之他在部队的时候也积累了不少人脉,又早在20世纪90年代末就进军这个行业,很快成为国内最大的集成商。因为做得好,又是依托军工背景,他的财源滚滚而来。

我每次跟他聊天,都感觉他好像没看过太多书。去参观他家的豪宅,我发现他家居然没有书架。但是,每一次聊天,我都感觉他思维极其敏捷、为人极其聪明。我在创业方面遇到什么困难,请教他,他总能三言两语就说中要害。而且,他特别愿意链接和帮助不同的人,成为某个圈子里的人脉枢纽。

在他那个行业,他已经算是数一数二的业内大拿。他愿意带我玩,是因为他圈子里没有从事我这个行业的人,而且我愿意不计回报地帮他做一些对我来说是举手之劳,但对他来说是有点困难的事。

人面对比自己优秀的、做出点成绩的人,一般有两种态度:一种是,他有什么了不起的? 还不是怎样怎样啊。另一种是,优秀是具有稀缺性的,我要向优秀的人学习、和优秀的人合作。

我觉得我可能一辈子都达不到他们那样的高度,我唯一能做的就是拿我的劳动去交换他们给我的资源,努力向他们学习、争取与他们合作。不然,我一个"农二代",走到今天主要靠的是什么? 靠的就是人生路上无数个愿意提携我、鼓励我、支持我、点拨我的贵人啊!

（五）

遇到在某方面比自己强的人，有的人会表达羡慕和亲近，有的人则会表达嫉妒和贬低。比如，我没有博士学位，所以，我看到博士，就会由衷地称赞一句："哇，博士！很荣幸我又认识了一个博士！"

有的人则相反，他们的第一反应是："博士？博士有什么了不起的！还不是只赚那么点钱，住那么小的房子！"

后面这种人，综合条件其实往往不怎么好，所以内心自卑。他们获取自信的办法就是贬低别人，好似别人被自己贬低了，别人就真低下去了，而自己则高了起来。

可是，真正自信的人，反而更懂得欣赏在某个领域比自己强的人。比如，一个初中毕业的老板，可能真愿意招聘一个博士。他的自信不是来自学历，而是来自"我学历是差点，但在别的领域，我可不差"。"在别的领域，我可不差"，就是他自信的底气。

我觉得"农二代"普遍都有自卑心理，但这种遇到强者是选择"合作"还是"对抗"的格局，往往能决定一个人走多远。

合作思维是：这人在这方面比我强，我想和他合作、交朋友。即使交不成朋友，我至少也可以向他学习。

对抗思维是：他的优秀伤害了我的自尊，不行，我得贬低他、踩死他。他下去了，我就上来了。

可是，人家"下去"了，你就真"上来"了吗？

No！No！No！

你只是多树了一个敌人，而且，你的表现被别人看到之后，你的"好人缘"也就散失了，你只会吸引来和你一样忌妒心重的人，最终，这些人会影

第2章 向内领悟，追求人生高度

响你的命运。

别人的运势、成功，你是拦不住的。这种东西就像风一样，不是你堵住了别人，风就会朝你面上吹。面对别人的优秀和成功，咱们真的可以放松点，去欣赏、去学习、去合作，而不是嫉妒和使绊子。

我认识很多比我优秀的人。在跟人家接触的过程中，我真的感觉他们方方面面都比我优秀，而且优秀很多。

比如，我认识的一个身家几亿元的"90后"，她也是农村家庭出身，白手起家，这几年遇上了直播带货的风口，创业成功。我和她合作过几个项目，但很快就沮丧地发现：人家会做的，我很难学会。即使学会了，我也坚持不下来，成果也大打折扣。人家真的是抓紧每一分钟在成长、进阶，而我的人生效率还很低、内耗还很重。

想想是有点没办法啊，人和人的能力差距就摆在那里。在某些人面前，我觉得自己已经算是个高手，但到了更强、更优秀的人面前，我不得不承认自己是个菜鸟。所以，"站在风口上，连猪都会飞"根本就是一个假命题……能在风口飞起来的，根本不可能是猪。哪怕没风来，人家也能靠翅膀飞起来，而且飞得比你高、比你远。

好多年前，我还在北京上学，大概是上大二，我爸打电话跟我说我们村有个男孩子想去北京考中央音乐学院，他是一个人去北京面试，以前都没去过北京，让我关照一下。我联系到他以后，在学校食堂请他吃了一顿饭，然后帮他找了一个小旅馆。

我问他："你为什么会有音乐这个梦想？就那么想玩音乐吗？做这一行，总体很难出头的。"

他回答："因为我觉得中国乐坛现在出来的歌都是垃圾，需要拯救。"

我当时就觉得此人不可深交。后来，他果然没有考上。前段时间我打听

认知突围：实现人生跨越的关键

了一下他的情况，快 40 岁了还在啃老。

优秀是一种极其稀缺的品质。优秀的人，往往更愿意承认优秀的稀缺性以及"不易得"，更明白"想到"和"做到"的差距，所以，对前辈、对同行更有敬畏、更懂欣赏，而不是开口闭口说别人是垃圾。你觉得自己比别人优秀，那就拿成果来说话。靠贬低别人彰显自己，你获得的从来都只是虚幻的优越感。

我们常说"人要有自知之明"，那什么才是"自知之明"呢？"自知"，就是自己了解自己；"明"，就是看清事物的能力。这个能力也是稀缺的。

越是优秀的人，越懂得欣赏别人，因为优秀就是一种非常稀缺的东西。相反，越是"半瓶水"，越容易被他人的优秀冒犯，总觉得优秀的人"有什么了不起"，并靠贬低他人、意淫他人过得很惨，来获取一点可怜的优越感和心理补偿，甚至成天想着如何给别人使绊子，把毕生精力都花在关注、研究和损害别人这件事上，反而忘记了走好自己的路，最终害人害己。

为什么有的人"越省越穷"？

（一）

我算是我们家族中最先也是唯一"突围"出来的人。但是，面对我，家族中远一点的亲戚，一般有两种态度：

第一种，是道德绑架。比如，十天半个月不打一次电话，一打电话就是向我借钱、找我帮忙，而且理由千奇百怪，绝大多数是我不愿意做也做不到的。遇到这种情况，我一般会选择婉拒。一婉拒，道德绑架就来了，比如，说我"忘恩负义""脱离了农村就忘本了"。

第二种，是带着极强的"穷自尊"，对我敬而远之。比如，他们看到我，永远是一副"我不会攀附和麻烦她"的心态。遇到事情，哪怕那个问题在我的专业范围内，他们也从来不咨询一下我，一个个像是怕"高攀"了我似的，但其实，我是真的希望能帮到他们一些什么。

道德绑架的亲戚，我从不支援；真穷的，我有时候会支援一些钱，但是，我不可能永远给他们"鱼"。有空的时候，我还想做一点"扶贫先扶智""授之以渔"的努力。这真不是"多管闲事"，我只是希望家族中那些还在贫困线上挣扎的亲戚，能过得稍微好一些。看他们往火坑里跳，不提醒一下，我心里真过意不去。他们听不听，那是他们的事。

这中间，难免会遇上一些让我感到很沮丧的情况。有一年我休假回家，在路上碰到一个远房亲戚，他邀请我进家里聊聊天，然后，我就去他租来的房子看了一眼。说是房子，其实就是工棚，一间屋子同时用作书房、卧室和厨房。厕所是共用的，还是蛆虫涌动的旱厕。

我问了下他的收入和房租情况，他说每个月一家人可以赚3000多元，房租每个月400元，租了两间房，是老两口、儿子儿媳小两口和两个孙子孙女住。房租便宜，但水电费比较贵，是直接交给房东的，房东要靠这个赚一笔钱。

这样一来，为了省电，他们不用洗衣机，都是手洗衣服；也不用电饭煲，而是有空就出去找些柴火回来，天气好就在院子里生火，天气不好就在屋子里用煤球。

我马上帮他分析，你不如出去租一个两室一厅，房租大概是800元，比

认知突围：实现人生跨越的关键

现在贵一倍，但是，你可以用洗衣机、电饭煲，这样就能省下很多水电费和时间。时间是最宝贵的，你可以拿它去干很多事。你住在这里，用柴火烧饭的时候可能会点燃房子，用煤球烧饭很容易煤气中毒，形成更大的安全隐患。真出点什么意外，得不偿失。而且，你现在需要跟工友、老板交往，自己住个像样一点的房子，人家看你过得像样，也更愿意跟你交往；然后，你会认识更高层次的人，得到更多的工作机会；接着，再赚到更多的钱，形成一种良性发展。但是，如果你一直住在这里，你可能会给自己形成一种"我只配住这里"的心理暗示，心情也容易抑郁。你日常接触到的也都是住工棚的人，他们给你介绍的也只是收入不高的工作。长远来看，拿出收入的一部分去住个好点的房子，也是一种投资。

我苦口婆心地说了一大堆，亲戚只是"嘿嘿"地笑了笑。

前段时间，我妈跟那个亲戚联系，问他们在干吗，他们说在忙工作。结果，后来我们从另一个亲戚那里得知，我妈联系他们那天，他们正在搬家。搬去哪里呢？搬去更远的工棚。房东每个月涨了50元房租，他们就要搬离交通比较便利的地方。而从更远的那个棚户区到市区，来回一趟的公交车费是4元。跑市区十几趟，这点差价就花出去了。

我妈后来跟我说，你下次还是什么也不要建议了。你看你才建议了一下，他们连搬家都不跟我们说实话了，真不知道是怎么想的。

而我只能眼睁睁地看着亲戚把日子越过越差，却又不好再说什么。

我是提倡勤俭节约、积少成多的，但是从不主张过分省钱。在有可能让你获得更多收益或是能保障你生命安全、身体健康的事情上，该花的钱不能省。比如，我们可以不穿名牌，但请人吃饭别吝啬。平时在家里可以省着点花，但出行时要舍得花钱买安全、买保障。但我的亲戚们，包括我爸妈，跟我完全不一样。也许是穷怕了，他们把省钱这事儿做到了极致，"拼命省钱"

已经成为他们烙在骨子里的习惯。

我小的时候,我妈会为了省2元的车费钱,宁肯背着沉重的行李跋涉上半天。

我跟我妈分析:你想过你那么节省,却依然那么穷的原因吗?隔壁大伯以前也跟我们家一样穷,但后来他们为什么把我们家甩后面了?他出门,就舍得花这2元,然后就在车上认识了那些跟他一样舍得花2元的人,并且经他们介绍找到了好的工作,挣到了远远多于这2元路费的钱。人家懂得花钱买信息、买人脉,你们只懂得省钱,结果呢?越省越穷。

我妈说,那赚不来钱,不省怎么办?不省不就更没钱了吗?

我说,钱不是省出来的,而是赚出来的。该省的地方当然要省,但用于换取更多资源的钱不能省。你稀缺的资源,别人刚好富余;你富余的资源,别人刚好稀缺……你们通力合作、互通有无,大家的利益就都可以实现最大化。做成本控制当然很重要,但做资源整合、拓展收益、遏制更大的风险发生,才能真正让我们摆脱贫困。

(二)

上大学时,我和A都是贫困生,我们连上大学的那点路费都需要去借。

早在上高中时,我就交了一个已经上大学的笔友。他告诉我,只要你有路费进入大学校门,国家是不会让大学生因为经济原因辍学的。因此,上了大学后,我就开始打听国家助学贷款的有关信息。这种贷款,本科四年是免息的,毕业后才需要付利息。我当时还没满18周岁,办助学贷款需要父母签名,虽几经折腾可我还是办下来了。

我问了A,他说他没办。我问他为什么,他说这笔贷款要还利息,反而给自己增加了负担。

我当时挺理解他，因为对那时候的我们而言，将近 4 万元的助学贷款简直就是天文数字。十几年前我在北京生活，每个月生活费也就需要 200 元。我爸妈也找银行贷过款，后来因为还不上被罚息，他们拆东墙补西墙，家境每况愈下……所以，我理解这种惧贷心理。

申请国家助学贷款那年，我第一次从农村到大都市，社会经验不足，不知道自己将来毕业后能不能找到好工作，也有"担心自己还不上助学贷款"的顾虑。但是，当我看到一些家境很好的同学也在申请国家助学贷款时，就更加确信自己的决定是对的。

我问那些家境好的同学："为什么你要申请呢？你家不是能负担你的学费吗？"

他们回答我："没了大学生这个身份，你知道从银行贷款有多难吗？你得有抵押物、担保人或是稳定的收入。你上哪儿去找这么好的能从银行拿钱的机会，而且这四年还是无息。"

我一想，对啊，相当于这四年这些钱是免费借我的，这世界上还有谁能免费借我钱？没有的。

于是，我愉快地签了贷款合同。

A 呢？坚决不贷款。他家兄弟姐妹很多，他父母为了供几个兄弟姐妹上学，已经过得捉襟见肘，而他是全家最有希望从农村突围出去的孩子，家里的资源都倾斜到了他身上。这样一来，他的弟弟、妹妹就没钱上高中，纷纷辍学了。

而我四年大学的学费、住宿费、生活费都由银行管了，我爸妈就能把好不容易攒下来的钱拿去给我弟弟读高中。

大学毕业，我们面临着就业问题。A 连跑招聘会的几元路费都不舍得花，就等着企业来学校校招。我借了 2000 元就南下深圳，后来又去了广州、佛山，只因迷信"东西南北中，发财到广东"。

A通过校招，去了西部一家企业，现在我们毕业15年了，他月收入就2800元。几个弟弟、妹妹因为没能上大学，早早出去打工，现在成为父母的心病，而他也帮不上家里什么忙。他结婚生子后，也只能管好自己的小家庭。

我和他现在的际遇已经完全不同了，而撬动这一切的，是毕业时我借了2000元。

讲这个故事，不是鄙夷A，也不是为了展示自己有多英明。毕竟，人生是一场马拉松，大家都还没跑到最后。哪天我若是创业失败，血本无归、负债累累、一败涂地也是有可能的，而他虽然日子过得平平淡淡，但至少安稳。

只是，如果把我和A这十几年的人生做一个对比分析，我还是觉得：人的思维、认知还是在某种程度上能决定我们的未来。

（三）

很多从农村突围到城市的寒门子弟，在面对父辈"省小钱，反而花大钱"时，多多少少会被弄得啼笑皆非。

几年前，我爸回老家，跟朋友出去喝酒，回到家里突然中风，半身不遂。他以为自己是喝醉了，竟熬到天亮才给朋友打电话，朋友把他送去了医院，却已经贻误了最佳治疗时机。

到了医院后，他又瞒着我，不肯告知我事情真相，只说自己打几针就好。我后来才知道他的意思，无非是觉得我回去看他一趟要花钱。

我让朋友去医院看他，并发来他的视频，这才发现事情的严重性，急急忙忙坐飞机回家，把他送到了广州就医。花了10万元后，他能生活自理和下地走路了，但从此一瘸一拐。

我带他去日本游玩，导游苦口婆心地跟他说："子女不需要你给他们省钱，你把自己照顾好，别生病、别出事，就是对子女最好的爱。你省的那点钱是小钱，但子女放下工作、花大钱去医院照顾你，那才是大钱。"

但是，我估计他没听进去。

前段时间，我让我爸跟我一起去广州专业的口腔医院去种植牙，他不去。原因有三：

第一，嫌贵。

他总觉得一线城市大医院都是讹钱、吃人的医疗机构，是"人傻钱多"的人才会去的地方。

他中风后，我给他找广州最好的医院治疗，可医生们因为比较忙，没空给他提供很高的情绪价值，他就老怀疑别人医术不精。老家那些无证行医但能把话说得好听的"江湖郎中"说的话、开出的偏方，他就很信，觉得人家医术高超、医德高尚，开出的方子的药还便宜。

我说："广州的医生只能给你'医病'，没法给你'医心'。"

他说："你懂个屁。"

第二，他觉得自己不配。

我问他："钱是为人服务的，钱赚来就是给人花的，你都快入土的人了，还这么看不开？"

他回答："我都老了，就像机器老了一样，没必要修了，那些钱省下来还能给你们花。我少花点，你们就可以少受一点苦。这笔钱花了，我心里不舒服。"

第三，他不喜欢一线城市大医院的环境。

虽然他的时间并不值钱，每天几乎把时间花在看抗日神剧上，但他总是嫌挂号、等候、交费、复诊等手续麻烦，且讨厌一线城市大医院那种让他感觉万般不自在的环境。

如果你要让他去污水横流、苍蝇横飞的乡村小诊所，他就自在得很，说话可以很大声，腰板都能挺得老直了。毕竟，在那里，人家很容易把他捧成"款爷"。

有一年，我爸要回老家，我给他买好了回老家的机票，但当时广州有超大台风预警，航班取消了。他听说这种情况下退机票不会损失什么钱，立马退了机票，临时决定坐火车回去。他跑去火车站买票，得知火车也不发车，就又跑去了客运站，决定坐大巴到南宁，再转车去昆明，最后转车回老家。

正规客运站也不给他售票，他就找了晃荡在客运站的黑车拉客仔，拖着行李上了黑车。整个过程，他都没跟我打招呼，大概是怕我不同意。直到坐上了大巴，才给我打来一个电话。我当时很生气，不知道他到底在急个什么，为什么多等一天都不行。那一次，好在他没出什么事。

作为一个寒门出身的人，每次遇到事儿时看到父母这样的反应总是有点难过。现在我们比过去经济条件不知道改善了多少，但关于"穷"的记忆依然深植于父母的内心。即便你把存款亮出来给他们看，他们内心深处还是会对"穷"充满恐惧和焦虑，所以他们囤积物品、不敢花钱、害怕风险，然后，因小失大，省小钱吃大亏。

我相信，我父母不是特例。我楼下有个老太太，成天提着一大桶洗菜水去楼顶天台种菜，后来不小心摔伤，住院花了几万元。城市里还生活着很多老人，在上班高峰期跟年轻人挤公交车，就是为了赶去早市买便宜几毛钱的菜，如果摔倒了、挤伤了，又花出去更多医药费。

《贫穷的本质：我们为什么摆脱不了贫穷》这本书里讲到一点：穷人往往会把钱拿去消费，而不是预防。比如，印度一些穷人宁肯把钱花出去买一些口味更好但不那么营养的食物，也不舍得买一点廉价的消毒剂给饮用水消毒，

059

以降低自己得痢疾的概率。

穷人的这种习惯，让我想起一句话："穷人买彩票，富人买保险。"

有网友专门分析过"中彩票和被雷劈的概率哪个更大"，根据彩票行业中奖数据和气象部门披露的雷劈伤亡数据，一个人中500万元彩票的概率相当于他被雷劈了18次。

你看，被雷劈的概率都比中彩票要高，那么，发生疾病、灾祸的概率呢？

穷人太想改变命运，总想着"万一天上掉馅饼砸自己头上呢"，热衷于投机，梦想"一夜暴富"，而富人想得更多的是："万一地上有陷阱，我会摔断腿呢？"他们会先把不确定性的风险规避或排除，再去积极地投资和开创事业。

涉及身体健康、生命安全等方面的钱，真的不能太省，否则很有可能"越省越穷"。

（四）

思路决定出路。

我觉得穷和富，都会形成循环。

人们把这种循环称为"马太效应"。

越是穷，其实你的知识、技能、信息等资源在社会上越不稀缺，你越要舍得拿出去交换。你应当拿你所有的去换取你想要的，并且，在交换的过程中，慢慢扩大你的"拥有"，而不是死守着那点"拥有"不放。

很多人之所以一直穷，一个很大的原因是：在该投资、该分享、该付出的时候吝啬，在该节省、该私藏、该节流时大方。比如，平时为了省点小钱，花出去大钱。又如，平时都不舍得请人吃饭、给人送礼，遇到骗子却倾其所有。

很多人认为"有得才有舍"，正常来说的确是"得多舍少"才能攒下钱财，但对穷人来说，我觉得逻辑恰恰相反，你要"有舍才有得"。

人情也好，钱也罢，人力资源乃至时间，要流动起来才能创造价值。我们活在这个世界上，拼的不是这些东西的多寡，而是"流速"。

"流速"怎么创造？只能通过分享、交换去创造。

为什么富人越来越富，而穷人越来越穷？成因很复杂，其中之一是财富也存在"马太效应"，即"赢家通吃"。

钱就像是沙子，风一起，就喜欢往大沙堆上靠，而小沙堆因为抗风能力弱，风一大就被刮没了。大沙堆对沙子的引力强，小沙堆引力弱，时间一长，小沙堆越来越小，大沙堆越来越大。

穷人先得考虑自己的温饱问题，而富人考虑的是自己的财富如何增值的问题。穷人花很多时间、精力在怎么省钱、攒钱上，而富人早就开始谋划怎么让"钱生钱"。

举个例子，甲、乙两个年轻人进入同一家单位工作，双方起点、收入、业务水平相当，但是，甲有个有钱的老爹，早早就给他出了首付在一线城市买了房子；而乙出身农村，参加工作后还得偿还国家助学贷款，等他还完贷款想攒首付买房时，发现一线城市的房价已经涨得他几乎够不着了，此时的甲却已经坐收了房价上涨的红利，换了更大的房子。

如何摆脱和打破这种恶性循环？说白了就是要打破自己的思维惯性，向优秀的人学习人家的闪光点，从蠢人身上吸取经验教训，让自己在做决策时更有远见。

我在21岁大学毕业之前，也会效仿父母身上展现出的那份吃苦耐劳、勤俭持家的精神风貌，但我接受了那么多年的教育，不知不觉中，认知已经跟父母不一样了。

我真正从"认同和效仿父母"走向"观察父母",大概是 24 岁失恋后。我发现我不自觉地在亲密关系中,复制了我妈对我爸的那一套方式,而这是不对的。一旦你开始走上这条路,你就很容易再次"以父母为师",但我学会了"观察父母",并以此为鉴,改变自己、调整自己。

比如,你发现,父母穷了一辈子,很大一个原因是他们在细枝末节的事情上耗费太多的时间和精力,导致"人生的主要矛盾"得不到解决。意识到这一点之后,你就会"反父母之道而行之",遇事先分析哪个是主要矛盾、哪个是次要矛盾,接着,把好钢花在刀刃上。这样一来,你就真的有扭转困局的可能。

又如,你发现,父母的财富观有问题。他们一辈子为钱所困,但潜意识里其实并不那么热爱金钱,甚至有时会持"有钱=没道德""我吃苦=我高尚"的观念。观察到这一点之后,你可能也会改变自己的财富观。比如,大大方方爱钱,理直气壮去赚钱,用"交换思维"去连接世界。

一个人想要成长和进步,其实真的不一定要去跟大咖学……只要你悟性足够高,身边每个人都能让你学到东西。家人离我们是最近的,他们本身就可以成为我们的"人生导师"。当然了,前提是在那个家里,你的智商和悟性都比较高。

站在低处的时候,你会觉得自己只有这一条路可走,你所有的时间、精力可能都拿去跟这条路死磕,但是,如果你站高一点、看远一点,你可能会发现,除了这条一眼就瞥见的明路之外,可能还有一条更隐蔽的暗道,只是需要你开放思想、睁大眼睛去发现。

越是身处困境,我们越要跳脱出自己的思维局限,站在一个更高的位置来考虑问题。穷人想要打破命运环,就得克服自己的短见。

人生需要小人刺激

（一）

人活在这个世界上，谁不会招惹个把小人呢？这些小人平日里不愿意花时间和精力提升自己，只把目光投到你身上，成天铆着劲儿想把你绊倒。

我一个朋友A，和B同一年进入同一家单位工作，年纪相仿、职级相同，还在同一个部门。A长得比较漂亮，工作能力也比B强，于是，就被B视为眼中钉、肉中刺。

十几年前，A和老公就已经没有什么共同语言，B获悉这一情况后，找机会拿到了A老公的电话号码，并跟A老公说A在外面有了野男人。这根本就是子虚乌有，A不过就是单独跟男同事出了一趟差，两人下榻同一家酒店。A老公听说了这事儿，在家里大发雷霆，后来索性出轨了。最终，A和老公的婚姻走到了尽头。

A离婚后，B终于觉得心里踏实了。B老公相对来说比较有权势，B的经济条件也比A好得多，而A除了自己外，几乎一无所有，但这依然不妨碍B对A的嫉妒。

当A知道B从中作过梗以后，主动跟B疏远，只跟B维持工作层面的联系。A对B的爱搭不理激怒了B，从此，B更加跟A过不去。

A在工作中遇到的很大一部分烦恼来源于B，她一边要辛苦工作，一边要在被B打了小报告后，向上司解释某项工作她那么做的原因。

比如，A的大学男同学请她吃饭，吃完饭后开车送A回单位加班，次日整个单位传言她被有钱男人包养了。再一打听，这些谣言的消息源头都是B。

又如，A写方案需要B提供资料，B就拖延着不给，还跑去上司那里告状，说A利用上班时间备考在职研究生。

后来，A通过选拔考试，到了上一级单位，B的"使绊子"行为终于消停了。

我也是从A的经历看透了一点：职场其实是很残酷的。如果你没有背景、没有后台，再不拼命往上爬，那么，你将吃最多的苦、受最多的气、拿最少的报酬，别人官大一级就可以把你踩在脚下，而且你会遇到无数难缠的"小鬼"。如果一个单位告密成风，这些病症就更明显。你要么有本事跳出来，要么就得往上爬，基层员工真的是最苦的，"吃亏是福""高处不胜寒"真的只是无奈地自我安慰。

一直被低层次的人嫉妒、使绊子，是很痛苦的。你知道自己在某些方面比对方聪明，但对方不这么认为，他也不会跟你合作，只会在感受到你对他的威胁后，想方设法把你往泥里踩。

所以，一定要往上走，虽然这条路很难。上面的风景会好一点，而且上面的人因为拥有的已经够多，心态相对比较松弛，大概率更好相处。圈层、级别稍微高一点，你能看到的视野、接触到的信息以及感受到的别人对你的态度，立马会不一样。

（二）

我从供职了十几年的单位离职前，还发生了一个小插曲。

那时，我内心已经想好了要辞职，只是暂时还没有提出离职申请，因此，这个事情还没有公开，大家都还不知道我已经有了离意。

我按惯例给300多人的群中发了一封题为"温馨提示"的邮件，转发了一条根本不重要的培训信息。这个邮件内容，只是提供培训信息，不是正式的通知，基层单位若有意愿去，就自行跟培训主办方联系。

邮件正文里，我跟大家说明：跟培训有关的问题，请直接致电主办方。鉴于以往每次大家都习惯性地跑来问我，我调侃着加了一句："培训主办方的电话是××××××，大家别来问我啊，最近真的太忙啦！"

体制内，大家邮件往来都是一副公事公办的架势，而我比较不喜欢这么不带温度地沟通，因此，在发公文等相对比较正式的场合，我严格按照公文的书写要求去拟写通知、通报、报告、请示，但是，在发邮件给大家做温馨提示、防骗提示时，我倾向于用比较口语化的表达方式。

十几年了，我一贯如此，久而久之也成了我的特色。基层很多员工都跟我反映说："每个月就等着你发过来的邮件，每一封都挺有意思。"

我就这么发了十几年，从来没出过什么问题，可最后一次发温馨提示，却被人拿来做文章了。看到邮件后，有人立马觉得抓到我的小辫子了，找我的主管领导打小报告，说我发通知"态度恶劣"。

我当时一脸蒙：告密者搞清楚"温馨提示"和通知的区别了吗？我都快要辞职了，你"相煎何太急"？

主管领导没当回事，只是觉得这个打小报告的人很无聊，建议我下次发邮件时记得抄送他一份，这样这帮人就没话说了。

我至今依然不知道那个打小报告的人是谁，为何竟对我有那么大的恶意？当时我对基层单位有一定的考核权，也许是哪次考核时得罪他了吧？很有可能，你严格按章办事，而对方认为你给他打了低分，就是在针对他。

我当时就在想，他敢实名举报那些真正违法、违规的官员吗？不敢的。也就是看我是一个"农二代"，平时工作努力但每次升职都比别人慢半拍，知道我背后没什么靠山，才敢把我当"软柿子"捏。

我真的为这些打小报告的人感到遗憾。

他们的关注点不在于如何提升自己,增加自己的学识,精进自己的技能,增强自己的能力,而在于"凭什么别人比我好"。

每天吃完一日三餐,他们就开始琢磨别人说了什么、做了什么,所有的精力都放在观察别人、找别人的破绽上。越观察,他越觉得别人厉害;别人越厉害,他就越眼红。

为什么会眼红?说到底,不过就是因为不自信、没实力。

因为不自信,相信自己一辈子也达不到别人所能达到的高度,所以见不得别人好,以看别人摔倒为荣。

因为没实力,知道自己终其一生可能也赶不上别人一根手指头,知道自己跟别人赛跑肯定会输,所以就埋伏在路中间给别人使绊子。

(三)

有句话说的是,成功的人生需要四种人——名师指路,贵人相助,亲人支持,小人刺激。

我觉得,我还真是属于那种需要"小人刺激"的人。

6岁以前,我在外婆家生活,外婆家在山村里条件相对比较好,我是小伙伴里唯一不需要干农活的,就这样度过了无忧无虑的6年童年时光。让我学点知识和技能?哎呀,不感兴趣。

上了小学后,因为家里穷、我说的是一口山里话,又因为我家在村里是独姓人家,我常被同学霸凌,父母也经常被村里的宗族势力欺辱,我的心中永远燃烧着一团熊熊的怒火。就是靠着这种怒气,我逼自己努力学习,考上了大学。

上大学后,我觉得自己"稳了",已经跳出了农门,奋斗可以告一段落了，然后，我真的开始松懈。我时不时逃课去听文学讲座，花大量时间去阅读，期末考试就赶紧突击，几次踩着及格线过。我从来没有挂过科但成绩也不优秀，除了在征文比赛中获奖，其他奖都没拿过，甚至都没考过英语六级。

大学毕业后，我开始找工作，接受社会的毒打，这中间遭遇无数小人。我意识到自己不奋起不行了，于是开始在职场发力，学粤语、学技能，寻找各种跳槽机会。反正，那段时间还算比较自律。

一直奋斗到把国家助学贷款还完，我又有点松懈了，沉迷于恋爱无法自拔。失恋后，奋斗的心又被激活了。我学开车，提升学历，买房，广交友……总体来说，活得比较上进。

遇到前夫，松懈了一小阵，那时候我们的感情比蜜甜，我甚至堕落到想当个家庭主妇。结婚三个月后，磨合得很痛苦，我开始觉察出也许我们不大合适，同时我又发现自己怀孕了。然后，我的奋斗欲又来了，我觉得我还是得把工作干好，并且投资了一套房产，获利颇丰。

离婚后，是我人生中最激越的一段时期。巨大的痛苦催生了巨大的能量，我比人生中任何一个阶段都要勤奋、努力，我的自我驱动力被全面激活，进入一个以前我从未体验过的、更广阔的世界。

就这样奋斗了十几年，前段时间其实我真的有点懈怠。我看了下名下房产的网上价格以及自己银行卡的余额，觉得：我对物质的要求又不高，我是不是可以退休了，把自己搞那么累干什么？可是，因为小人的刺激，我又来了动力。

我出版了三本书，每天雷打不动坚持写3000字。每周坚持看两本书，有的是粗看，有的是细看。我又结交了几个朋友，大家互相帮忙、互通有无。我赚到了一些钱，虽然股市和基金上亏了一些，但总体收入远远大于亏损。我的公司也还在努力寻求转型，我自己考了几个证，可以开拓另一门副业。

进步虽小，但到底我是一直在进步着。我也知道，自己需要精进的地方还有很多，我的人生中还是会有小人出没。但是，在与对方斗智斗勇的过程中，我发现自己的思维能力、应急能力、处理问题的效率乃至心态、悟性等，在无形中得到了很大的提升。

这些得到提升的部分，刚好就是以前我欠缺的部分。

现在，我又找到了新的奋斗目标，知道我自己的精力和实力更应该放在什么地方，并且愿意以十年为期，朝着我树立的新目标前进。

（四）

每个人都希望能得到"名师指路，贵人相助，亲人支持"，都想避开"小人刺激"，但我觉得人生很多事情就是这样：你怕什么，就来什么。

那就不要怕，勇敢迎上去。最终，你会发现，每一个愿意花费时间和精力刺激你、与你纠缠的人，都是你的船夫。他们把祝福和帮助，换了另一种并不那么喜闻乐见的面孔，促使你渡过人生的渡口。

我恨过欺辱我们家的村里人，恨过前男友和前夫，恨过领导，恨过所有试图伸出脚来绊倒我的小人，但时过境迁后再回头看，我只会觉得好笑。

他们不是我的恩人，但是，"要把沙砾改造成磨砺自己的工具"的这种认知，是我人生中最大的恩师。

一个人的能耐，很多时候并不是体现在顺风顺水时你能爬多高，而是体现在掉入低谷后，你能反弹多高。

我们都玩过蹦床。如果你不下蹲，不往底下使劲蹬，你是很难跳得高的。

人想要持续保持"自我激励"的动力太难了，因为人都是有惰性的，所以，在我们懈怠下去的时候，真的需要小人刺激一把。

我以前认识一个开公司的哥们儿，他给自己取的网名叫作"自磨"。我一开始只觉得这网名很特别，但某天我突然发觉了这两个字的深意。

如果每个人都是一把刀，那都是需要"磨刀石"的。磨刀的过程，对刀来说，肯定有点辛苦，因为它要蜕掉一层皮，才能回归锋利。

所不同的是，内驱力强的人，发现自己变钝了，就会去"自磨"。像我这样内驱力弱的，就得"外磨"。

所以，你说我恨那些来磨我的小人吗？还真不恨。

如果没有他们，我早就沉沦下去了。

就拿我上段婚姻来说，如果前夫没有出轨，我没有经历那些人生变故，那我可能现在也就是一个成天围着家庭转的妇人，很难在我擅长的领域发一点光。

我出版的第一本书，书名是编辑取的，是《那些让你痛苦的，终有一天你会笑着说出来》。

有时候想想，当你强大到一定程度，外界给你的那些磨折，连痛苦都称不上，到头来也不过就是一块"磨刀石"罢了。

刀不磨，真的会变钝。如果你是一把刀，被小人这块石头磨的时候，记住自己这样做是为了更锋利，那这个过程就是"苦乐"。而那些柔软的、润滑的、清洁的、凉爽的，流过刀身、带走脏污的水，则是命运直接的馈赠。

人们常说的"贵人"，不一定是指直接能给你提供助力的人，还有可能是"带你见识更大的世界"的人，"让你破除情执、大彻大悟"的人，给你使绊子来磨砺你的人……

这些人可能一点都不"贵"，甚至还是你生命中的"贱人"，但你悟性够强的话，实际上他们对你也是有帮助的。

就拿湾仔码头创始人来说，倘若她认识的不是泰国华侨丈夫并被他背叛，她可能一辈子都没机会出国，更没机会去当时还在"野蛮生长"状态下的香港，当然也就没有后来的故事了。

人们都希望遇到贵人，但世界上能真正掏出真金白银、真刀实枪、真材实料直接帮助你的人是很少的。

比起贵人，我们更需要的，是把小人变成贵人的认知和能力。你说对吗？

好好说话，不然运气会变差

（一）

疫情期间，我从小区侧门出去，顺嘴问了保安一句："您好，请问南门现在开着吗？"

保安没好气地回答了我一句："你真的住这个小区的话，自己能不知道吗？"

这话有双重意思：第一，他怀疑我不是真的住在这个小区；第二，他认为这些信息我应该知道。

我当时就觉得：啊，这人怎么这么说话？如果他知道，那他回答我"开"或"没开"就OK了。如果他不知道，那就回答一句"不知道"，我也不会嫌他态度不好。可他选择了所有回答方式中，最差劲的一种。

还有一次，我遇到的保安也是这样。我在门口看到物业公司贴出来一个通知，就跟保安确认了一下那个通知的有效期。

我问："你好，现在这个通知的规定还在执行吧？"

该保安回答我："你自己长了眼睛不会看吗？"

这两个保安，平时在家里可能也是这么说话的，他们的家人可能也是这么跟他们说话的。在那样的语言环境中，也许他们压根儿不觉得自己有什么不对，甚至对这一切习以为常。

以前我们老是提及"家教"这个词，可家教具体包含哪些方面呢？吃饭不吧唧嘴、有人来家里要端茶递水以及去别人家不乱翻柜子、包包和冰箱等。

但我觉得，最好的家教应该是好好说话。

能用陈述句回答的问题，不要用反问句。

如果有人问你："可以帮我削一下铅笔吗？"

如果你没空，那么，最差劲的回复是："没看见我正在忙着吗？你自己没手吗？"

一般回复是："我没空，没法帮你。"

好一点的回复是："我现在没空呢。"

采用第二种回复方法，你在涵养方面可能已经跑赢生活中 70% 的人了。

（二）

不知道大家在生活中有没有遇到过那种每说一句话都带刺儿的人。你跟他沟通，通常是以不愉快收场的，因为对方一开口，就让你炸毛。

他们说话，总是这样开头：

"这都处理不好，你好蠢啊……不会的话，请我教你啊，你自己瞎琢磨些什么？"

"你就不能照顾下我的感受，帮我把那个错别字改正过来吗？"

"你怨气好大哦，怎么就是听不进去别人的意见呢？我只是建议你家请个保姆而已。"

"你这人好没素质，电梯里不让抽烟不知道吗？"

这种上来就给别人扣帽子的人，换谁都没兴趣跟他交流第二句。你还没开口呢，就已经被对方定性为愚蠢、不照顾别人感受、怨气大、没素质了。

上述的话，其实可以换一种方式来说，会起到截然不同的效果。

"如果我是你的话，我会这么做……"

"请帮我把那个错别字改正过来。"

"我建议你家请个保姆，理由如下……"

"电梯里是禁止抽烟的，请您掐掉烟头可以吗？"

生活中，感觉最不缺这种因为一句话、一件事而给一个人定性的人，这种每说一句话都充满对抗性、攻击性的人。他们说的每一句话，几乎都带有负面反馈、敌对情绪，你需要有十足的涵养和耐心才能让沟通继续进行下去。

很多年前，在我还没跟一个朋友绝交之前，她说话就是这样的。

和她一起去餐厅吃饭，服务员上菜速度稍微慢了一点，她就开始大喊："点了半小时的菜到现在都没上，你们都是干什么吃的？上个菜都这么慢还开什么餐馆？直接倒闭得了！"

服务员嘀咕一句："其他桌子的客人也在等，总得有个先来后到吧？"

她一拍桌子站起来，直接嚷嚷："你工号多少？叫什么名字？我要投诉你！让你们老板来！"

跟她一起去爬山，到达山顶时我们两个人走散了（山顶人太多），而且她手机没电了，她也没记住我的电话号码。

想着她身上没带多少现金，我只好在下山的必经之路等她。

好不容易等到她来，我一站起身，就迎来她一顿抱怨："你明知道我手机没电，身上又没带钱，怎么就不能等我一下？或者找我一下？一起出来玩，当然要一起回家的。你平常都是这么自私，从来都只顾着自己的吗？"

她其实人不坏，很多时候还蛮热心的，但因为跟她互动、沟通感觉太累，后来，我就慢慢跟她疏远了。

因为谁都不喜欢长期跟一个让自己付出极高沟通成本的人交往。

（三）

很多人"会说话"，但不是每个人都"会"说话。

之前我遇到一个网友，上来就问我能不能帮他改剧本，说他手上有个项目特别急，急需人帮忙。

我问他，您具体是哪家公司？另外，既然是谈合作的话，大家的权责利应该怎么分？这些东西还希望您讲清楚。

对方怒了，跟我说："瓜都没种下你就想摘瓜啊！我能来找你，也是看得起你。"

天哪，这位大哥是吃枪子儿了吗，火气怎么这么大？

早些时候，某平台有两个年轻客服同时找到我，邀请我进驻平台。后来，我在平台发了一篇题为《为什么"好"男人也会去嫖娼》的文章，内容其实非常积极向上，但因为标题带有"嫖娼"二字，被平台列为低俗文章，把我的号封了。

我跟两个客服人员反映了这个事情，用的说辞一模一样，我说："窃以为，嫖娼现象是一种客观现象，应该允许人去谈论它，贵平台仅凭敏感词做封号处理是不对的。是否达到封号标准，不能只看敏感词，而是要看一下具体的内容。我恳请您这边帮忙看看那篇文章的具体内容，同意我的申诉请求。"

第一位客服回答我："不好意思，平台有机器人，机器人看到敏感词就会自动操作，还请老师体谅下。"

第二位客服则回答我："你是来解决问题的，还是来找我理论的？"

我明白第二位客服想表达的意思，但还是被她说话的口吻震惊到了。

我在很多篇文章里讲过"愚者争对错，智者争朝夕；弱者纠结情绪，强者解决问题"，但这只是我在做内容输出时用的口吻，目的只是阐明清楚这个道理，不针对任何特定的人。现实生活中，我跟人点对点沟通时，从来没有反问过人家"你是来解决问题的，还是来找我理论的"。

生意场上，正式谈事情之前，总会有个寒暄，算是一个谈话过渡期。有时候去拜访客户，我可能也会先讲"哎呀，你们这楼下好堵车"或是"你这儿有点热啊，是空调坏了吗？"

正常人应该听得懂这句"人话"，不会轻易觉得别人是在针对或攻击自己，顺嘴接一句"有时候是有点堵"或"空调好像确实有点问题"，这事儿也就过去了，大家切入正题聊事。只有蠢人会来一句："你是来抱怨的，还是来谈生意的？"

我觉得，与人沟通时，慎用反问句，说话别太冲，这是职场人最基本的素质。

"好好说话"并不会给你带来损失，甚至可能会给你带来收益，但有些人面对熟人也好，面对陌生人也罢，就是学不会"好好说话"。

比如，有些人会把"学会拒绝别人"理解为"怼别人""教训别人"。他们不说"不好意思，这个事情我真的帮不了你"，而是说"没看见我正在忙着吗？你觉得这个事情归我管吗？"

有些人把"表达负面情绪"理解为"带负面情绪地表达"。他们不说"你这样说话，我觉得挺难过的"，而是说"你这狗嘴里果然吐不出来象牙！"

还有些人抓住一点所谓"政治正确"，就上纲上线。他们想要清场、清障时，不说"请让一让，让我们过去一下"，而是说"好狗不挡道！你这种人真是自私、素质低！"

没法好好说话，本质上是不想好好说话。

你会发现，那些说话很冲的人，到了领导面前就可懂得怎么说话了，所以，他们只是对特定的人不好好说话。比如，他们认为位置比自己低的人、得罪得起的人。

怎么才叫"好好说话"？秘诀不过就是"平等待人，换位思考"八个字而已。

"平等待人，换位思考"，说起来简单，但真正做起来很难。说话技巧，几小时就学会了，但平等待人、换位思考的能力，有些人一辈子都不具备。

（四）

有些人在开始一场沟通之前，会预设别人是恶意的。

我一个朋友是做电商的，她也收到过客户的质问："你就实话实说吧，你是不是个骗子？"

起因不过就是她发货了，但对方填错了地址，一直没收到货，对方就预设她"是个骗子"。

这不过是一场误会，但这样的问话方式，真的完全不利于解决问题。

这是有心理学依据的。你把别人想太恶了，有时候别人真的会出于报复而恶给你看。

以受害者姿态自居的人，也往往会成为站在道德制高点上的人。这两种心态都很容易引起别人的情绪反弹，不利于问题的解决，或者说，让解决问题的成本变高。

比如，有的网友在我发布的文章里看到错别字，就会提醒我说第几段第几行哪个字写错了，应该改为什么。

有的人却非要这么说："文章里有那么明显的错别字都发现不了，你配当作家吗？"

听到第一句话，我想向人家致谢甚至发红包；听到第二句话，我就只会拉黑对方。

一个显而易见的道理是：说话时陈述事实，你传达给别人的才是有效信息；你只是表达自己的情绪，那别人看到的就只是你的情绪。

谁都不喜欢被扣帽子，被施以负面评价。

如果真的想解决问题，就让沟通围着"解决问题"这个目的转，而不要让自己和对方陷入"我说服你，你说服我"或"我要赢你"的拉锯战。

强者着眼于解决问题，而弱者着眼于情绪，动不动就觉得自己是受害者，动不动就觉得别人一定是"想害朕"。这样，很有可能会把自己的路越走越窄。

我公司曾经跟 A 和 B 都有合作。某天，我们把 B 做的一张海报用在了最新方案里。结果 A 发现后跑来骂我："你为了赚点脏钱，盗用了我提供的智力成果？我和你合作是为了赚钱，而不是为了做慈善？！"

我被这一通质问和教育搞得一脸蒙，赶紧让助理核实，才发现是 B 把 A 的海报抄袭了过来，当成自己的作品提交给了我们。

我马上让助理修改了方案，把 B 盗用的海报删除，并亲自向 A 致歉。

在这之前，我们跟 A 有良好的合作，也一直尽力把资源向 A 倾斜，努力追求双赢，但是，因为一点点并没有造成多严重后果的误会，她居然给我扣这么大的帽子。于是，我取消了与 A 的合作，同时不再与 B 这样盗用他人劳动成果的人合作。

在那之前，同样的工作疏忽，我们也有过一次，但跟我们合作的C是怎么操作的呢？

C先询问我是怎么回事，给了我搞清楚状况以及解释的空间。接着，C找盗用他们家智力成果的同行沟通，发出警告，并把他们双方的沟通结果告知了我。C还说，是别人盗用了他们的智力成果，我们不需要为此负责。以后若是有合作机会，让我优先考虑他们。

从此以后，所有的合作，我们都优先考虑C。

如果我招了A和C两个员工，我会把A开掉，尽力把C留下。而且，我敢打赌，5年、10年之后，C一定能比A赚更多的钱。

（五）

大概是十几年前，我在应酬桌上听到这样一个真实的故事：

一个小姑娘中专毕业后回到老家找工作，可是因为学历不高，总是"高不成低不就"。去超市或者店铺做帮手，嫌收入低；去工厂，嫌辛苦；自己创业，怕风险。

后来，她爸托了亲戚的关系，给她找了一份银行大堂经理的工作。这份工作比较清闲，收入还行，工作环境不错，也比较受人尊敬。

做了大堂经理，平日里她接触到的都是学历、收入比她高的男同事，缘分到位的话，在银行里找一个"金龟婿"不成问题，表现好的话，还有机会转为有正式编制的柜面人员。

她自己是比较满意这份工作的。

有一天，她在电话里跟妈妈吵架了，回到工作岗位上时，正在气头上。这时候，来了一个穿着比较朴素的老头咨询相关业务，她直接扔了一张业务宣传单过去。老头接了过来，发现宣传单上貌似没有写明他需要办理业务所需要的资料，就继续问她细节。她手指叩得老头手里的宣传单哗哗响，嘴里没好气地说："这里都写清楚了，你没长眼睛吗？"

如果她遇到的是个普通老头，人家可能生气一会儿，这事儿就过去了；可是，这个老头不是普通老头，而是这家银行省行的副行长。他那天过去，就是想办点私人业务，但他不想为这么点小事情动用人情和关系，再说他也不想让下属知道自己卡里有多少钱。

副行长平日为人低调，穿着打扮都很普通，但毕竟也是位高权重的人，平日里去基层银行网点视察，哪次不是前呼后拥，享受超级 VIP 待遇？他到其他地方，也从来没受过这种冷遇。他当时没有说什么，只是讪讪地走了，但回去的路上越想越气。

坐在那把交椅上，别人还当自己是个人物，可一旦卸下领导的光环与头衔，他居然被一个初出茅庐的大堂经理吆来喝去。最后，他还是忍不住给那家银行县级支行的行长打了个电话。县级支行的行长接到电话，第二天就把小姑娘开除了，同时找来所有大堂经理做集训。

小姑娘才在大堂经理的位置上坐了不到一个月，屁股都还没坐热乎，就把工作给弄丢了。而这一切的起源，不过就是当初没有"好好说话"。

不好好说话，你可能会失去很多机会，生活会向你关上一扇又一扇的窗户。好好说话，则更容易遇到善缘，更容易"生财"。

细想想：人和人之间，一般也没有什么深仇大恨，何须用嘴巴去得罪人呢？你的嘴就是你的风水。口德不好，容易"破财"。

"好好说话"不一定会让我们财运亨通，但它真的能让我们少树敌、少踩坑、少破财、少霉运。

（六）

曾经，有一个大学生问我：如何在职场中学会沟通？

我给出的答案还是这八个字：平等待人，换位思考。

这个大学生曾经邀请我去他们大学做一场讲座，可是我听了大半天才明白他的意思。我们沟通的过程也不是特别顺畅，我总是需要提很多问题才能获悉我关心的信息，比如讲座时间、讲座内容、差旅费安排等。

时不时，我会收到一些寻求合作的私信。我发现，有些人总是很难把合作事宜表述清楚。他们像个勤快的小机器人，花大量的时间去介绍不知道从哪儿复制来的项目信息，最后直接问你一句：愿意合作吗？

每次听到这种话术，我都一头雾水，因为我都不知道对方是谁，不清楚具体的合作内容、流程、方式以及分工、权责利等这些最重要的合作信息，只知道对方有那么一个项目，那我真的没法判断我是否愿意合作。

他们以为自己是在沟通，但每一个回合的沟通，传达给别人的信息都非常有限。十句话中有九句是废话，是在做沟通无用功。

我觉得他们普遍犯了沟通中的一个大忌：使用"我本位"沟通法，而不是"换位思考沟通法"。

所谓"我本位"沟通法，就是我只向你阐述我想"告诉"给你的信息，不管你是不是听得懂、不管你是否需要这些信息，反正我表达完了就可以了。

可是，他们只是在"沟"，不追求"通"。

"换位思考沟通法"，追求的则是"让别人听懂并有回响"。

这类人通常会先换位思考一下：如果我是对方，我希望从这场谈话中获悉怎样的信息？然后，他们会事先"设计"一下话术，尽量用最短的时间、最简洁的语言，达成沟通目的。

认知突围：实现人生跨越的关键

如果你是一个大学生，需要邀请嘉宾来做讲座，那么，最好的沟通方式是：自我介绍＋情况介绍＋你需要为我们做什么＋我们可以为你提供什么。

比起长篇大论介绍本校举办的论坛历史到底多悠久、办了多少期、取得了多好的反响，你更多的精力应该花到探寻嘉宾意见以及落实到具体的安排上。

你可以这么开场："您好，我是某校某会某某，这是我的证件（证明身份的真实性）。我们学校有一个论坛已经开办很多期了，反响不错，论坛的相关介绍我给您发一个链接。现在想邀请您作为一期嘉宾出席，请问您是否感兴趣？"

如果嘉宾不感兴趣，对话结束。

如果嘉宾感兴趣，那就可以开启第二部分的对话："如果您能来参加我校论坛，您可以享受哪些权利（比如学校可报销差旅费、支付一点点嘉宾费，费用以怎样的形式支付，食宿行将如何安排），而我们需要您准备哪些东西（讲座主题是什么、讲座时间是多长等）。"

嘉宾答应了这个条件，那接下来就进一步对接嘉宾时间。最好是直接确定几个日期，让嘉宾从中选择一个，而不是笼统地约定一个时间区间。

跟别人谈合作，也是这样的，不必花太多时间去介绍你们的项目多么厉害，简单说明一下情况，然后阐明"如果和我们合作，你需要配合做什么，我们能给你什么收益"。

最高效的沟通，往往是"换位思考"得来的。

如果你是一个化妆品导购，与其花大量时间找一个客户背诵你卖的口红多好用，不如跟客户说一句："小姐，我觉得这款口红的色号很适合你的肤质。"

这就是以换位思考为核心的沟通技巧。

第 2 章　向内领悟，追求人生高度

在有些场合，比如在职场，我们的时间都很宝贵，这就需要双方用最高效的方式完成沟通。

深谙有效沟通的高手都是怎么做的呢？就是尽量让双方的沟通围绕着"共同目的"转。

我们想买一件东西，但觉得这东西不值那个价钱，可以直接还价，而不是挑剔它这里不好那里不行。有时砍价反而能起到更好的沟通效果，你和店主也更容易达成心理共识：不是东西不好，是价钱不合适。你一横挑鼻子竖挑眼，店主可能就会产生逆反心理：既然这东西在你眼里这么差，那你还来干吗？

如果你需要下属或乙方配合完成一项工作，那么，最高效的沟通方法是直接发出指令，如你要如何做、不要怎么做，而不是把精力消耗在抱怨对方为什么不照顾你的感受、为什么这样不负责任、为什么不顾全大局等这样的指责上。

举个例子，如果你需要别人帮你编辑一篇文档，事后若发现错字，你可以直接告诉对方"这里有一个错字，请改过来"。如果你非要跟对方说"你知道我为了方便你，事先做了多少准备工作吗？但你连这么重要的字都打错了，说明你一点都不在乎我的感受。我合作过这么多人，就没见过像你这样的"，那么，接下来你可能会遇到的情绪反弹和工作阻力可想而知。

如果我们一直着眼于宣泄情绪，那最后我们跟别人的对话很可能会陷入僵局，甚至给彼此留下很不好的印象，以后再打起交道来，就会有很多阻力和障碍。

这样的高效沟通原则，也适用于家庭关系中。如果你希望你老公帮你按摩下肩颈，你可以直接发出指令"帮我按摩一下这里"，而不要拐弯抹角地说"我忙了一天没看到吗？你怎么就不知道我为家操劳的辛苦呢？×××的老公就很懂得关心老婆！"

（七）

有效沟通有五个原则：

第一，不打岔。

第二，不说教。

第三，不讨好。

第四，不指责。

第五，不走开。

这是我自己总结出来的。

所谓不打岔，是不"歪楼"、不抬杠，让别人把想表达的重点表达完。

情景演示——

孩子跟你说："星期三下了场雨，我在路上遇到了一个特别不讲理的司机……"

孩子想表达的是"遇到了一个特别不讲理的司机"，此时你若跟孩子说"下雨那天不是星期三，而是星期四"，那你就是在打岔，很有可能你们两人辩论的焦点就变成了"到底是星期几下的雨"，而真正想聊的问题却聊不下去了。

所谓不说教，就是不要急于给别人灌输你的道理，先去接收有效信息。

情景演示——

孩子说："星期三下了场雨，我在路上遇到了一个特别不讲理的司机……"

听到这，你立马就开始说教："做人要与人为善，不要用恶意去揣度别人。静坐常思己过，闲谈莫论人非。"

得，又聊不下去了。

所谓不讨好，就是不要无原则、无尺度地讨好和共情对方，以换取他人的好感和肯定，以补偿自我评价的不足。

情景演示——

孩子说："星期三下了场雨，我在路上遇到了一个特别不讲理的司机……"

你回答："是吧？路上的司机确实普遍不讲理，我也遇到过。"

这样孩子会觉得你根本不关注他遭遇的事情，也不在乎他的内心感受，甚至认为你只想快点结束对话。

所谓不指责，就是不靠批评、指责别人来树立自己的威望、巩固自己的强势地位。

情景演示——

孩子说："星期三下了场雨，我在路上遇到了一个特别不讲理的司机……"

你回答："你怎么可以随便评价别人不讲理呢？街上那么多人，司机为什么就对你不讲理？你不该反省一下吗？"

这样孩子会讨厌、反感你，不愿与你沟通。

所谓不走开，就是直面问题，争吵起来后可以冷静、按暂停键，但不能当缩头乌龟回避问题或是对他人实施冷暴力。

情景演示——

孩子说："星期三下了场雨，我在路上遇到了一个特别不讲理的司机……"

你回答："这个问题你以前也跟我说过，我不想再聊了，没有任何意义。"

得，孩子不跟你聊，那就去跟别人聊。

以上只是拿跟小孩沟通作为例子，实践中我们可能会跟伴侣、老板、同事、家人、陌生人针对某个问题展开沟通。

但我发现，在这些人际沟通中，很多人真的会犯以上五种原则性的错误。你跟他们很难达成有效沟通，多跟他们说两个字都是在浪费时间。

（八）

坦白地说，沟通有时候并不需要技巧，那些技巧不过是"道"的层面的东西。

良好的沟通，只需要做好"道"层面的事儿，就成功了一半。

沟通之"道"是什么？还是那句话：与人为善，着眼于"解决问题"而不是"发泄情绪"。

遇到不顺或挫折的时候，每个人都会有沮丧、狂躁等情绪，但这个情绪是需要我们自己去处理的，他人完全没有义务为我们的坏情绪买单，或者为了照顾我们的情绪而迁就我们的主观想法或主观判断。

关于这一点，曾经有沟通高手给我们这样支招儿：每当他人不符合自我预期的行为、语言等引发我们的消极情绪时，我们务必要学会自我提醒"不对他人作任何主观价值判断，无条件接受他人的本来面目"，直到养成习惯为止。

久而久之你就会发现，你越来越具有包容心与客观立场，越来越有心胸和心情来欣赏并学习他人的优点、特长，实现互利双赢。

高效沟通要避免几个误区：

比如，把具有攻击性的言语理解为"直截了当"。

"直截了当"是了解沟通双方所处的情境后，向对方直接提出自己的想法和诉求，其实质是"表达自己"，而攻击性的言语是以"否定对方"为目的。

比如，随意扩大讨论范围，没法"就事论事"。

你讨论某件事情，就应当围绕这件事展开。比方说，你反对一个人的观点，那就针对这个观点进行阐述。你反对某个人的某个行为，那就针对这个行为本身表达看法。

如果因为对方不同意你的观点，你就开始人身攻击，揣度对方是因为出身不好、离婚或别的什么而有这样的认知，显然便是"严重越界"了。

比如，总想赢。

生活中大多数沟通，不是辩论赛。沟通之所以产生，是因为有"沟"，所以沟通的目的主要在于"通"，而不是赢。

如果"通"不了，那也不能强求，让"沟"继续存在就好，毕竟"夏虫不可语冰"是很正常的一件事。双方无法实现有效沟通的时候，真正的"赢"是不存在的。

把"谢谢"改为"谢谢你"；

把"随便"改为"听你的"；

把"我不会"改为"我可以学"；

把"听明白了吗"改为"我说明白了吗"。

所有这些要诀，对应的都是背后的态度，或真诚，或谦卑，或尊重别人，或平等待人。

你看，有些话，换个心态、换个角度说出来，效果会很不一样。

同样是劝别人减肥，有人这么说："我觉得你以前一定很苗条，能保持下来你就更漂亮了。"

也有人这么说："你好胖，一胖就显丑，赶紧减！"

哪个效果好一点？

彼此之间又不是有什么深仇大恨，何必给对方添堵呢？

也正因为这样，我觉得在沟通中，"与人为善"是比"着眼于解决问题而不是发泄情绪"更重要的一个秘诀。

有一年，我去圣彼得堡旅游。在夏宫花园游览时，我把面包屑放在手心里，来了两只鸽子站在我手心里啄食。

一个俄罗斯大妈见状，走过来用俄语跟我说话，可我一句都听不懂。

我用英语和中文跟她说，她也听不懂，但她一直没放弃，身体语言全使上了，我才明白她是想让我也去喂喂松鼠。

我听懂的那一刻，她笑了，我也笑了。

那一刻，我心里觉得很温暖。

与此同时，我不得不感慨：好的沟通，完全可以不靠语言，你对人有善意、对事有解决问题的诚意，就够了。

学会"打直球"，避免在猜忌中蹉跎时间

（一）

疫情期间，我接到一个亲戚的电话，她问我广州疫情怎么样，能不能买到药。

我如实回答："小孩的买到了，大人的买不着。不用担心我，你也照顾好自己。"

然后，亲戚说他那里也买不到药，跟我寒暄几句后，就把电话挂了。

挂完电话后我觉得很蹊跷，平时这位亲戚很少给我打电话，广州疫情最严重时她都没给我打电话，现在倒打电话来问候了。

我妈听我这么说，让我描述了一遍电话详情，然后跟我说："她的意思不是要问候你，而是试探性地问一下你能不能买到药。如果能买到，就想让你帮忙买点寄给她。"

我后来想了想这位亲戚平时的沟通方式，感觉的确是我妈分析的那样。

我跟我妈说："那为什么不直说？大人的药小孩不能吃，但小孩的药大人可以吃啊。小孩的药，我之前囤多了，今天还免费分了一部分给邻居。我给谁不是给啊，当然更愿意给亲戚了。她要是直接跟我说，我就把那些药寄过去了，也不是什么难事。"

我有时候不爱跟我那些乡里乡亲的打交道，就是这个原因。有什么需求，他们不"打直球"，而是拐弯抹角来试探，让你猜测他的意图，然后主动提出来帮他，可我哪有力气陪他们玩这些弯弯绕绕的，没意思又效率低。

我真的不觉得弯弯绕绕说话是懂礼貌，我觉得这是在浪费别人时间，而浪费别人时间＝谋财害命。这才是最大的不礼貌。

越是优秀的人，其实时间、精力越宝贵，所以，你能在一分钟内把事情的来龙去脉说清楚并简明扼要提出自己的诉求，那你就是在为对方节省时间，对方反而不会对你产生恶感。

弯弯绕绕地说话，说半天说不到点子上，真的很容易引起别人的恶感。这样想帮你的人都不愿意帮了，因为你在请求别人帮忙的时候，都没做到换位思考——帮别人节省沟通成本。

我跟那些很久不联系的人打电话求助，基本是"打直球"的。我的沟通方式一般是这样——

我："X总，好久没联系了，今天突然给您打电话是有事求您，大约需要耽搁您三分钟的时间。您现在方便通电话吗？"

认知突围：实现人生跨越的关键

我之所以这么说，是因为我真的可以在两分钟内把事情简明扼要地讲清楚，然后给对方一分钟的回馈时间。

X 总："你说吧。"

我："是这样的……"

在这个过程中，尽力讲清楚事情的起因、经过、结果以及我的诉求，不要啰啰唆唆描述过程和渲染细节，简言之就是要说两句话：我身上发生了什么事；我现在需要你帮我解决什么。即说清楚你需要对方为你做什么，有必要的话，说清楚你能回馈给对方的好处。

X 总选择帮助或者回绝，然后，不管这事儿成与不成，你都要表达感谢。如果对方拒绝，自己找个理由让自己和对方下台，比如"我也只是四处问问，回头我再问问 Y 总，还是谢谢您啊，有空约饭"。

"打直球"并不等于不礼貌，你只需要口吻礼貌就可以了。

试探式的沟通，或是先弯弯绕绕说话，再让别人去揣测你的意图，不管别人是否能识别你的意图，都只会影响沟通效率，搞不好还会让人觉得你太磨叽、太有心机。

（二）

有些快递员给你打电话，能在有限的时间里把意思表达得特别清楚。比如，他们会说"某某，您好，我这边是某某快递，您有一个快递在××，麻烦您尽快取一下"。

有的快递员，在接通电话之后，就一句话："喂，快递啊！"

他也不说是啥快递，也不说自己在哪儿。你需要继续询问，才能得到更多的有效信息。

现实生活中，好多人沟通模式就是完全以自我为中心的。他就是默认你知道他是谁、知道他来干什么、知道他在哪里、知道他的情况，没头没脑就一句祈使句，要求你执行他的指令。

还有的人，连报警都无法把事情描述清楚。比如，报火警，一开口就是："快来啊，我家着火了，是我爸在窗台上抽烟，抽着抽着睡着了，不小心点着了卧室里的窗帘。现在窗帘已经烧起来了，我感觉马上就要烧到床单了，我接了两桶水，但泼不灭……现在房间里好多烟啊！"

可是，你说了那么多，为什么不清楚地描述一下你家所在的位置？你打这个电话，是为了求助，还是为了舒缓心里的焦虑和害怕？得亏接火警的人会打断这些人的话，问核心细节。若是任由他说下去，可能半个城都烧了。

还有的人，疫情期间给防疫部门的人打电话，张口就是："我为什么红码了？我老婆为什么红码了？什么，我是谁？我就是那个被你赋红码的人！"

反正，东拉西扯一分钟，也说不清他是谁。

感觉就像武侠剧里那些被伤得奄奄一息的人，好不容易等到了救援，还剩最后一口气要写出杀害自己的仇人的名字，结果花了好多时间用血写了几个字：杀我者乃……

写完"乃"字，没力气了，到死也没能把杀人凶手给说出来。

（三）

沟通界有一个"电梯 30 秒法则"。

这个原则说的是，你和一个人在电梯里相遇，从电梯关门到再开门，你只有 30 秒钟的时间，你需要在这么短的时间里，完成一场有效沟通。你要怎么做？

认知突围：实现人生跨越的关键

这是麦肯锡公司提出来的沟通理论，该公司曾为一家重要的大客户做咨询。咨询项目结束后，对方的董事长在电梯里遇见了麦肯锡的该项目负责人，董事长问这位负责人："你能把现在的结果说一下吗？"

由于没有事先做准备，该项目负责人未能在电梯从30层直达1层的30秒时间内，将问题阐述清晰，这一疏忽不幸导致了麦肯锡公司错失了这位关键客户的宝贵合作机会。

自此以后，麦肯锡就创建了"30秒电梯法则"——在最短的时间内把一件复杂的事情讲清楚，并要求他们公司的员工全部掌握这种方法。

我发现，现实生活中很多人完不成这项挑战。说白了，这就是总结归纳能力、换位思考能力、语言表达能力、应变能力不大行。

如果你觉得我沟通能力还可以，那我教大家几个小技巧。

在这30秒内，你一般只需要说三句话就可以了。

第一，发生了什么。

第二，结果是什么。

第三，你打算怎么做。

比如，汇报灾情：×领导，某年某月某日某地发生了灾情，受灾情况如何，我们现在已经投入多少人力、物力去救援，预计几日内能完成救灾任务到哪种程度。

比如，汇报工作：×总，自上级布置什么工作以来，这段时间我部门已经初步完成某工作（说成果），预计完成全部工作还需要多少天。我们在工作中遇到的最大困难是什么，不知道您能在人员、资金上面予以怎样的支持。

比如，给你的电商客户打电话：您好，我是××店客服，您于几月几日在什么店买了什么东西，因某种原因导致物流迟缓，现在我们询问下您的意见，您是选择退款还是继续等待。我个人是建议您再等待一段时间，因为这个优惠过了这段时间就没有了。

比如，自我介绍：您好，××董事长，我在网上看过您的介绍，仰慕已久。我是×××，是来这家公司面试的。我的特长是什么（说最容易让人记住的亮点，别说"大家可能都有"的东西），贵公司在我心里是一家怎样的公司，我很希望能为贵公司效劳。

最令人无语的沟通方式是什么？是"只从自己表达方便"的角度说，也不管别人是否能听懂；或是默认自己懂的事情别人也一定会懂，自己怎么方便就怎么表述，多说几个字就像是便宜了别人；要不就是说了很多，但完全没说到点子上。甚至有的人一个信息给出去，需要别人接连追问或者揣测，才能搞清楚他的真实意图。

比如，我经常收到有些电商客服给我发的没头没尾的短信："你好，你在我店里买的东西因为物流原因发不了货。"然后，你得再花时间和精力去询问："你是哪家店？你说的是什么东西？"这类客服的共同点就是：他认为你只从他家买了东西，没有从别家购买的可能；他认为你只要看到他的手机号，就能猜得出来他是哪一家、他说的是哪一单。

这充分体现了在换位思考能力上的显著不足与严重缺失。

还有好多人，连自我介绍都不会，上来就问："合作吗？"

遇到这种，我只想说："不合作了，再见。"

十几年前，有一个许久不联系的人在QQ上联系我。也不知道他什么时候加的QQ，估摸着他是我小学或初高中时代认识的校友或老乡。那天，他忽然在QQ上跟我说了一些酸溜溜的话："我听说你出书了。去大城市扎根了，现在傲起来了嘛。"

我一愣，问："您哪位？"

对方："贵人就是多忘事，连我都不记得了？"

我说:"您到底是哪位呢?"

对方:"你猜下!猜中了请你吃饭!"

我心想:这年头,谁还稀罕你一顿饭。大家都这么忙,还老玩"猜猜我是谁"的游戏,很有趣吗?遂不再搭理。

岂料,过了一会儿,我发现他的QQ签名改成了:没钱就是被人看不起。

嘿,这么说话的人,你就是变有钱了,我也看不起你。

第3章

行稳致远,
增加人生厚度

认知突围：实现人生跨越的关键

不要看不起小钱

（一）

很多年前，一个老师从北京来给我们讲课。这位老师已经六十几岁，从某高校退休了，还是愿意山高水远跑到广州来授课。我跟同事们揣测：那所高校的老师，待遇可能不高，不然他不会为了那么点课酬跑那么远。可是，很快我们就被打脸了。那位老师早些时候攒了点钱就加杠杆在北京买房，几番操作下来，他现在在北京中心城区有四套房子，其中一套是别墅，一套是300平方米的大平层，另两套出租。

疫情期间，丽江旅游业遭到重创。我一个闺密是开旅游公司的，那两年亏损严重。一开始，她以为疫情很快能结束，结果一波未平一波又起，去丽江的游客数量急剧下滑，呈现出断崖式的下跌态势。

后来，闺密终于扛不住了，开始直播带货。那时候，她开着车到处去找源头工厂，去深山老林找土猪肉，硬生生搞出来一条供应链，给各大博主、主播供货。在直播间只有三个观众的前提下，她都能每天直播一小时，讲解土特产。

她跟我说，员工可以躺平，但我不行。我不嫌赚钱少，卖出去一包是一包。虽然现在没有多大的成效，只能赚一点毛毛雨式的钱，但至少每个月不

094

需要再吃老本儿了。

疫情过后，她的公司在旅游业务领域取得了爆发式增长，同时，她也成功在直播带货领域开辟了一条增加收入的新渠道。

赶上风口的时候，她开足马力跑；需要蛰伏的时候，哪怕她已拥有不菲的身家，却仍保持着谦逊与坚韧，从赚取几十元、几百元的小额收益做起，积累点滴，静待时机。

我也发现，越是能赚钱的人，越不会看不起一笔笔的小钱，更不会想"一口吃成个大胖子"。倒是那些一辈子从来没有赚过大钱的人，特别容易眼高手低，动不动就说"这点儿小钱，我看不上"，开口闭口就是"几百万元""做上市""就赚那么点儿，没意思"，结局就是"小钱看不上，大钱赚不来"，最终反而没钱。

（二）

我一个朋友老说自己很缺钱，但不知道怎么去赚钱。

我说："我不觉得你想赚钱。"

朋友说："我想啊，我都一两年没有工作了。"

我说："但是你没有去找工作啊。"

朋友说："那是因为我找不到合适的工作啊。"

我说："不是找不到，你可能是一直在寻找一个性价比更高的选择。我就问你，如果现在让你去当一个公司的行政文员、销售，或是起早贪黑守一个杂货店，你会去吗？"

朋友说："那我不去。"

我说："如果你月薪 2 万元，现在有一个不是很占你时间你也擅长的小任务给你做，完成后你可以拿到 30 元的报酬，你愿意做吗？"

朋友说："那我不愿意，都月薪 2 万元了，谁还稀罕这点儿小钱？我可能就会想着，接下来要怎么买买买。"

我说："我月薪 2 万元的时候，有一个兼职机会——写一篇小稿子，稿费 30 元。这种活儿，我很愿意接的，我不嫌少。慢慢地，我发现，自己的写作能力得到了提升，这 30 元会变成 50 元，50 元会变成 100 元、200 元、500 元甚至更高。"

所有高薪的工作机会，都是这么来的，所以，真的不要看不起当初那 30 元。

有意思的是，这 30 元的小任务，不仅锻炼了我的核心技能，而且占去了我的购物时间，帮我省下来一些钱。

我第一套房子的首付，就是这么攒下来的。

我常常觉得，一个人对钱的渴望，是写在基因里的。

我就是从小出身不好，穷怕了，所以很喜欢钱。

当然了，我也比较尊重钱，表现就是：怕挣脏钱，不乱花钱……

不知道这是好事还是坏事。

我觉得，适度的匮乏感能催人奋进。

我设身处地站在朋友的角度想了一下：如果我两年没工作了，那让我去送快递，我可能也会去。

说不定干着干着，我就能成为那个行当里的业务能手，将方圆几公里的住户都混熟了，让他们都成为我的忠实客户。

现在的年轻人总喜欢把"你给我开多少钱，我就给你干多少事"挂在嘴边。可是，"钱给到位"是"你干得好"的结果，不是老板让你干活时你提出来的"条件"。如果你业绩不出色，那么，你就不具备稀缺性、不可替代性，而不具备稀缺性、不可替代性的人，即使到市场上也"卖"不出好价钱。我们都是要靠自己做出的业绩，去向别人证明"我值得那么多的薪资"。

一个人的行动力，是"愿力"的体现。

你没行动，说明你的"愿力"不足，你还有退路。

很多人总说自己没钱，但真正有赚钱的机会出现时，他们却拈轻怕重，总想寻找性价比更高的一条赚钱路径。结果呢，找来找去，比来比去，就是不行动。

我发现，那些能赚到钱的人，对钱都有非凡的渴望，而且，他们大多有非凡的行动力。不管多小的钱，他们都愿意躬身去捡。

这一捡，他们就已经赢过了 60% 以上的人。

小钱捡多了，才能捡到大钱。滴水成溪，就是这么来的。

这世界上就没有性价比高的捷径，即使有，一般也轮不到你。

唯一性价比高的选择就是：在别人不愿意花时间和精力的领域，你愿意花。绝大多数人不敢走的路，你敢闯。淘汰了其他懒惰的人，你就是赢家。

至于小溪如何变成大江大河，那又是另一个层面的问题了。

拒绝"无效努力"和"穷忙旋涡"

（一）

老朋友跟我提到她的高中同学，说她的同学是一个非常努力的人。

这位同学努力到什么程度呢？上高中时，她几乎把所有时间花在了学习上，每天除了吃饭和睡觉，就是拿着教科书在不停地背。

有一次，宿舍熄灯了，她还点着蜡烛在蚊帐里看书，可后来她睡过去了，蜡烛把枕头点着了，她被烧到了头发才醒。此时，她宿舍里其他人都已经睡着了。第二天早上大家起床，面面相觑，发现大家的鼻孔都是黑黑的，后来才搞清楚头天晚上宿舍差点发生了火灾。

这位女同学虽然努力成这样，但学习成绩一直上不去，后来也没有考上很好的大学。

上了大学后，她依旧非常努力，别人上大学或是发展各种兴趣爱好，或是搞社交、谈恋爱，但是她一门心思拼学业，连考了两年，终于考上了研究生。

研究生毕业后，有个学校请她担任教师，但她觉得自己可以做出一番事业，于是开始创业。她开过很多店，如餐饮店、服装店，每天起早贪黑，特别繁忙，但基本上没赚到什么钱，还把仅有的积蓄都亏了。

后来，她去了保险公司卖保险，她几乎把所有时间花到了客户身上。但奇怪的是，她的业绩并没有多好。前两年她还找我这个老朋友借钱，只借了1500元，可大概一年半以后才千恩万谢地还上。

老朋友说："她也是我佩服的人，就是因为我觉得她特别努力、特别能吃苦。我当年若是有她一半的努力，或许也能考上更好的大学、拥有一个更好的人生。"

我说："可是我一点都不佩服这样的努力。努力当然重要，但发力方向不对的努力，是对有限生命资源的浪费。"

比如，我想送货到小区门口，但我拿了货后走上了跑步机，那我就算在跑步机上跑死也完不成"送货到小区门口"的任务。这是对人生的浪费。

我老家也有一个妇女，特别勤奋。她白天出去打短工，晚上去种田。晚上田坝里很黑，她就买了一个探照灯，去田里耕种、打药、施肥、采集，有时候干到凌晨三点才回来。可是，她也没有赚到多少钱。而且，她有点社交恐惧症，不到万不得已不跟人主动说话。

像她一样的人还挺多的……他们总是超乎寻常地勤劳，只愿意跟庄稼、牲畜、机器等物打交道，害怕跟人打交道。每天做很多，但最后赚很少。

勤劳是一种美德，但过度勤劳不是。很多时候，我们是用"过度勤劳""非常努力"来掩盖我们在认知能力、资源整合能力、沟通协调能力方面的短板。

有一种努力叫作"无效努力"。它唯一的作用是舒缓你对"不努力会产生恶果"这种法则的焦虑。

（二）

每个人拥有的时间、精力、资源都很有限，努力的同时我们要有"让资源利用率实现最大化"的智慧，不然会做很多"无效努力"。

我小时候看村里的人养猪，怕猪感染寄生虫病，大家就一律给猪吃熟食，还做得特别精细。猪也没见长得多壮实，但是，砍柴烹煮、种植猪草、打猪草、切猪草、煮猪草，花去了大量的时间。

没几个农民能停下来思考，这样做是不是不对、人生效率是不是够高……大家都是在跟风：看别人家怎么做，我家就跟着怎么做。有限的时间资源都被这些事占满，自然就没空琢磨别的。这样一来，越穷越忙，越忙越穷。

在我的印象中，我妈一整天好像都在忙着做饭，往往早饭做好了就是午饭，午饭刚吃完又要准备晚饭，基本没时间去做其他事情。我做饭时就简单地做个牛肉汉堡，煎个蛋，做个蔬菜沙拉或是蔬菜汤，半小时搞定，而且吃得很健康，匀出来的时间就可以去做其他的事情。

我常常觉得家务真的太"吃"时间了。我们随便收拾一下家里的衣柜，几小时就过去了。穷人花在家务方面的时间太多，花在"精进业务能力"方面的时间太少，这就会形成天然的劣势。富人家里有钱，用钱买这种服务，然后他们就能利用这些时间去做更多有成效的事情。

很多人其实是陷入"穷忙"状态的。每天上班连轴转，但工作总是做不完；回家后只想瘫在床上，想花业余时间提升自己，却有心无力；事情一多，脑子就乱，各类人生难题无从下手，久攻不下。

在这些关键问题上，很多人往往想不到高效解决的办法，致使时间在一次次的重复努力中被无谓消耗，最终陷入"越穷越忙，越忙越穷"的怪圈。

即使你不那么穷，但如果让自己太忙太累，也有可能导致财富的流失与消耗。

创业前几年，我一直处于"疲于奔命"的状态。我的青春在体制内、婚恋中浪费了那么多年，现在好不容易活得明白点了，知道该怎么发愿、发力了，以及该怎么为自己活、为自己干了，我就想把失去的10年奋力补回来，结果一不小心没收住。

太过忙累的后果是：你的头脑得不到充分的休息，变得不清醒，有时候会做出错误的决策，让你蒙受损失，或导致你之前的努力功亏一篑。比如，我连续三天在路上跑，脑子和体力都处于一种超负荷的状态，然后就做错了一个决策，导致我损失了上万元租金。我还忘记安排女儿去上兴趣班，损失几百元。

我认识的一个男士，也是一个超级顾家和负责任的人。他自己开个小公司，是做集成电路的，时不时地出去应酬或出差，晚上常常加班到八九点。疫情期间找不到送货人，还曾亲自送货。

嫌老婆做的饭不好吃，他就每天早上6点半起床，给家人做好早餐再去上班，晚上回到家就做晚饭，辅导小孩功课，辅导完小宝的，再辅导大宝的。他每天都忙到凌晨才睡觉。

后来，他感染新冠肺炎，引发心肌炎，住院二十几天，差点连命都没保住……而住院的那二十几天，是他十几年来唯一睡饱觉的时段。经此一事，他开始放慢节奏，觉得还是自己的身体比较重要。他盘算了一下，这些年大概也挣到了1000多万元，不想再拼了，想要提前退休。

我认识的另一个创业的小老板，每天睡眠时间就5小时左右，平时连好好吃顿饭的时间都没有……因为公司利润和他的个人IP深度捆绑，别人停工一天，可能就损失几百元的收入；他停工一天，损失的可能就是10来万元。然后，他就当真忙到停不下来，也就没太多余力对其他事情做出认真的衡量和思考。

前段时间，他在自己的城市买了一套别墅，但因为没空认真考察开发商的背景且相信"专业的事情，付费给专业的人去代做"，最后被"托儿"牵引着走进了一个大坑：

他与开发商签订了认购书，之后陆续支付了几百万元首付款，但开发商迟迟未与他签订购房合同。再去问，才发现开发商跑路了，他只能联合其他购房者一起起诉维权。

更令他气苦的是，他去购房的时候，"开发商快兜不住了"的端倪已经显现，也有零零星星的购房者跑去售楼部维权，跟销售人员吵吵嚷嚷，但他太忙了，根本没空听双方在吵什么。这笔损失，他本可以避免的，但毁在他"太忙"了。

有句俗语说"镜子不擦不明，脑子不用不灵"。的确，脑子不用就废了，但也得看你怎么用。我一直觉得脑子跟车一样需要保养，让它得到充分的休息，才能使它发挥最大效用。

(三)

如果把我们的大脑比喻成一台电脑，一旦每天接收和处理的信息太多，内存被各种杂事占据，它就可能无法有序地处理这些信息，无法识别巨大的风险。

这就需要我们时不时地把自己从繁忙的杂务中解放出来，释放我们的大脑内存，让大脑 CPU 的运转效率更高，为下一步行动做出更好的决策。

我探究了很多成功人士的时间管理艺术，其精妙之处令人叹为观止。他们深知时间的宝贵价值，展现出非凡的时间利用能力，而这些人并非我们想象中的工作狂，他们会把一些基础性、琐碎性、低性价比的工作"外包"，随时让大脑回归到一种澄明的状态，所以，其人生效率也更高。

比如，扎克伯格对早餐和衣服都不挑剔，他喜欢每天都穿着同样的衣服，理由是"想剔除生命中一切不必要的东西，让我尽可能少做决定，不值得为这些小事浪费时间"。他一周工作 50~60 小时，大部分的时间用来学习、思考。

马斯克的时间管理方法，我认为最重要的一条是：不要把时间浪费在那些不能让事情变得更好的事情上。如果马斯克发现跟他对话的人比较愚蠢，他就会立即切断与此人的对话，哪怕给人很粗鲁的感觉，他宁肯别人说他粗鲁，也不愿意把时间花在无用的对话或社交上。

人类最难解决的问题之一莫过于资源的稀缺性，很多人错误地认为仅凭方法的改进就能化解资源匮乏的困境。但，恕我直言，真正聪明的人往往去扩大资源，而不是改善方法。比如，钱不够花，他就努力去赚更多的钱，而不是把时间和精力花在"怎么把手头那点钱用在刀刃上"。因为真正改善你困境的是"资源变多"，而不是"优化分配"。你手头若只有 100 元，你再怎么改善分配方法，它也只是 100 元。

我妈总教我去菜市场怎么挑到最便宜、最新鲜的肉和菜，但我的逻辑是：

市场里自有"看不见的调控之手",基本遵循"一分钱一分货"的定律。不排除有人缺斤短两、消费欺诈,但有辨别这些东西的时间和精力,我还不如去多赚点钱。

我觉得每个人都要意识到,自己的核心竞争力是什么,自己可以动用的资源有哪些,自己的能力局限在哪里,然后,努力去琢磨人生的投产比、提高人生效率。

而做到这一切的前提,就是拒绝"无效努力",摆脱"穷忙旋涡"。这样,我们才能不断连接"信息隧道"的出口,接受"醍醐灌顶"的阳光,达到"事半功倍"的效果。

不要相信高手的"谦虚"

(一)

每次我问女儿考得怎么样,她都回答:"非常好!所有的题目我都会做!"

我再问:"你觉得你能考多少?"

她回答:"上次是我粗心,这次我肯定可以考100分。"

然后,试卷发下来,九十几分、八十几分、七十几分、六十几分都有,还有一次考了55分……而她们班的学霸,几乎恒定99分或者100分。

我回想了一下我小时候。那时候,每次考完试我都有点沮丧,因为自我感觉很不好，不大能接受有些考试题目我居然不会做或是没把握，可最后成绩出来，一般都能考第一名。

高考完，我走出考场就大哭了一场。是真哭，因为我对自己太失望了。我把复习资料打包好，准备来年复读。成绩出来了，一查：嘿，居然是市状元。

有一次，我因为一门科目没考好，在宿舍里痛哭，一个同学来安慰我。可是，到了发卷的时候，我照例是全班最高分，而那个同学竟没考及格。从那以后，她看我的眼神就怪怪的。

现在回想起来，我当时的表现会不会让人觉得我在无病呻吟。我发现很多人都这样。凤凰卫视一个知名主持人说当年她每次考完试都要哭，但每次成绩出来都是第一名。

有一年高考，在四川绵阳南山考点外，一名考生在接受采访时，也被问到考完感觉如何。该考生笑着回答："感觉不行，可能明年还在这儿，明年你还能采访到我。"结果呢？他的成绩超出一本线110多分。

好多人不理解为什么学霸总说自己考得糟糕，总觉得他们这么说话实在太"装"。其实，这只是因为大家对自我的要求不一样。

学霸心中"考得好"的标准与普通学生不同。他们的"考得好"是满分，而普通学生可能是及格分。如果学霸对某个知识点感到模糊，或者面对难以攻克的题目，他们就会不安，就会苛责自己。

"考得不好"这种话，更多的是他们对自己的评价，而不是外界对他们的评价。他们对自我往往有更严格的要求，才会无法原谅自己不够优秀，才会不停鞭策自己奋进。

那些优秀的人，一旦失利后情绪往往表现得比常人低落、激烈，其实并不一定是抗挫折能力和心理承受能力差，而只是因为他们对自己要求更高，所以在面对失败、失利时，麻木不起来。

（二）

钟南山说过，35岁前他也是个很平庸的人，后来父亲和他谈心，他才意识到自己已经35岁了，不能就这样碌碌无为地过一生。

出于好奇，我上网查询了一下钟南山35岁前到底有多平庸，然后，我发现老先生十八九岁就考上了北大（原北京医学院），22岁就打破了400米跨栏的全国纪录，24岁前从北大毕业并留校当老师，35岁（"文革"期间）担任广医一院内科住院医师，改革开放春风一吹，立马去英国学习深造去了……

啊，这还叫平庸？

我也发现，很多成功人士特爱说自己小时候笨、30岁之前一事无成。

比如，曾国藩总说自己"秉志愚柔""性鲁钝"。可我查了下他的履历，惊呆了。

15岁，他应长沙府童子试，名列第七。我不知道这个考试的难度如何，但能在一个省会城市的考试中获得第七名，这叫愚钝？

21岁，他考取秀才；23岁，中举，是跟全湖南参加乡试的人一起竞争。我记得以前我们学过一篇课文叫《范进中举》，范进51岁才中举，可还是高兴得手舞足蹈。曾国藩23岁就中举了，这能叫"愚钝"？

27岁，曾国藩殿试位列三甲第四十二名，那可是全国性的考试啊。之后，他朝考位列一等第三名，道光帝亲拔他为第二，选为翰林院庶吉士。换言之，他是个连国家元首都注意到的人才。

再之后，曾国藩的丰功伟绩就不赘述了。单看他30岁之前的表现，这叫笨？这叫一事无成？这是放个烟幕弹麻痹我们普通人，让我们普通人以为自己30岁以后再努力还是来得及的。可人生有几个30年？再过30年你都已经老了。

知名导演李安说自己"除了拍电影，什么也做不好"，可是，他写的书

《十年一觉电影梦》，有几个作者比得上？他说自己"一无是处"，都是自谦。

成功人士关于"笨"和"一事无成"的标准，跟普通人完全不一样。成功人士是对自己有高标准、严要求，不是真的笨，也不是真的"一事无成"。

（三）

到一定年纪之后，我发现人类最大的公平就是智商差异。

智商不能遗传、不能世袭，所以，这种差异能让很多"草根"逆袭成功，也让很多成功的人"富不过三代"。

每个人的大脑就像一个CPU，配置不同，信息和数据处理效率也不同……而且这种CPU，是没办法通过外力加强或削弱的。

我最容易对他人产生的崇拜，就是智商崇拜。比如，有个我很佩服的人，某次跟我讲到她的狼狈……一开始，我还带着同情心听着，可听到后面我就开始汗颜了。她觉得自己狼狈，是因为她对自己的要求很高，可是，在我看来，她的CPU处理效率已经是我的两倍。她偶尔的狼狈处境，却是我的日常。

聪明是一种稀缺资源，所以，世界最终是属于聪明人的。聪明人总是容易出头。有的人即使不在这个领域获得成就，也会在那个领域获得发展。

毛主席即使不当领袖，也能成为响当当的军事家、书法家、诗词家。马云即使不创立阿里巴巴，以他的口才也能成为著名的演说家。陈冲即使不做演员，也能成为一个出色的专栏作家。达·芬奇即使没成为世界著名画家，也能成为发明家、音乐家、雕塑家、哲学家、地理学家。

聪明人身上都有什么特质？对世界充满好奇心和探索欲，有勇气和胆魄，爱动脑子，自律力和行动力强，百折不挠，为了理想虽死不悔。普通人琢磨一个东西都琢磨不透，而聪明人一通百通，只不过他们的时间、精力和寿命有限，没法在各个领域全面开花。

但是，我们不得不承认：聪明人、勤奋的人、好学的人、有毅力的人，在人群中本就是少数。有意思的是，承认自己不聪明、不勤奋、不好学也没毅力的人，也是少数。先天条件极好和极差的，在人群中只各占约10%，80%的人的差异其实是很小的，大家基本上处于同一起跑线。

为什么优秀的人在人群中永远是少数？其中一个很大的原因就是优秀的人对自己高标准、严要求，而大部分人对自己不够狠，不舍得逼自己，太过贪图安逸，服从于短期诱惑。

有时候，面对那些"烂泥扶不上墙"的人，我也想说一句：你就这么蠢笨着、懒惰着、自满着吧，不然聪明人、勤快人、好学者没有脱颖而出的机会。都想站在金字塔尖，谁来做金字塔底呢？

锱铢必较，难成大事

（一）

以前，我熟悉的一家公司招聘过一个没过试用期的员工。

老板忙得不可开交，让他去交一下公司的物业费，并顺便带回发票以便后续进行报销流程。物业处就在本栋楼里，走下楼去办完这件小事，总共用不了十分钟，但他第一反应是质问老板为什么不设置自动扣款。别人花十分钟就能办好的事情，他不办也就罢了，还给老板上课。

有时候，他上班一整天都没事做，临近快下班的时候，客户才突然提出来一个修改需求，需要马上反馈，老板找他做，他就跟老板谈条件："修改这个方案需要半小时，这半小时的加班费怎么计算？"可问题是，早上他迟到半小时，白天他在岗玩了一整天的游戏，老板也没有跟他计较。

这位摆着一副"老板给我发多少工资，我就干多少活"态度的员工，后来试用期都没过，只能再去找工作。现在就业形势这么严峻，我们只能祈祷他在下一个公司好运。

可能在这类人看来，重新投简历、面试、试用不算成本，也没有损失什么吧。看不见的时间、机会成本，对他们而言可能也不算成本。

"给我多少工资，我就干多少活"，理论上这话是正确的，是劳动者尊严的体现。老板应该也有这样的意识，不过度压榨员工。

问题不在于这句话是否"政治正确"，而在于，员工认为的"我的分内事"和老板认为的"员工的分内事"存在巨大的偏差。员工认为自己已经做到位了，可在老板看来还差得很远。

举个最简单的例子：老板招了一个公司前台，交代好她的职责就是收发快递、接待访客、端茶倒水。

同样做"接待访客"这件事，有的人是这样做的：公司有来客，他像大爷一样坐在座位上继续看手机，懒洋洋地往访客想去的方向一指，就以为自己做好了"接待访客"这件"分内事"。

而有的人是这样做的：访客来临，立即起身，询问对方要找谁，随后给被访问者打电话确认，确认完毕之后带领访客前往被访者办公室，端上茶水，得体退出，虚掩上门。访客走的时候，提前开门、帮按电梯、事后收拾茶杯。

对前者来说，后者做的这些事可能就是"分外事"，自己多做一点就亏了，就觉得老板要给他加工资。

换位思考一下，如果你是老板，你会让前者过试用期吗？而后者，即使不在那家公司干了，去到别家，分分钟也能找到工作、度过试用期，说不定还有机会得到上司的赏识，转而去做行政后勤工作。

前者觉得自己是老板请来的工具人，多做一分就便宜了老板。而后者觉得这是在为自己打工，他跟老板不过是价值交换的合作关系，他愿意借助工作平台提升自己的能力，以后走到哪儿这些本事都是跟着自己走的。

前者鼠目寸光，后者深谋远虑。

人和人的差距，就是这么拉开的。

（二）

"钱给到位，加班也不是不行"，这是很多人的想法。

在他们的价值观里，他们上班时间可以摸鱼，公司没项目做的时候可以看剧、抠脚，但是，只要公司有个急活儿让他们加班，他们就觉得吃亏了，就要求公司把加班费给到位。

你让他们做什么事情，他们第一反应就是"自己吃亏了"。但对不起，"钱给到位"是"你们干得好"的结果，不是老板让你们加班时你们提出来的"条件"。

我们公司有个女员工现在已经连升三级，成了公司合伙人，就是因为无数次老板焦头烂额时，她奋力顶上，那么，老板自然不会亏待她，她加班的那部分薪酬会体现在她的年终奖里、每个月的薪酬里。

你们以为我有点原始积累，是跟上司讨价还价得来的？我刚参加工作那些年，常常凌晨还在各大酒店布置会场、整理会议材料。你不能为单位创造价值，谁会重用你？

> 认知突围：实现人生跨越的关键

资源弱势方跑到资源强势方面前锱铢必较，在我看来是一件"有点蠢"的事情。法律维护的公平也不是绝对的公平，它是在打击"超越了人伦底线的不公平"。资源弱势方在资源强势方面前，不可能拥有谈公平的议价权。你不行，公司就换下一个人，有大把的人愿意做"备胎"。

之前我一直在金融行业工作，但后来进入"写书作者"这个赛道，我就是个"新人"。在这方面，我的姿态摆得很正，我就是拿"新人"的标准来要求自己的。出版方给稿费给得很低，结账周期还很长，我不介意，因为我是新人。站在出版方的立场上想，人家拿出一个书号，花那么多时间、精力出版这本书，也不确定这本书会不会亏本。出版行业利润微薄，我又是新人，人家找我出书，也是承担了风险的。

大家是一个团队，合作才能共赢，而我作为新人，吃点亏真的没什么。出版方作为资源强势方，不找我写，也会有大把人愿意写。我首先要让出版方赚到钱，或者，证明我可以帮出版方赚到钱，我才有资格去谈我的利益。如果将来我能成为真正的百万畅销作者，在这方面我就成了资源强势方，到时候就是我去挑出版方，我就可以强调我的利益，我的书稿就"价高者得"。

但我发现，很多人把这个顺序弄反了。

任何时候，能够换位思考的人，在职场中才能走得更长远。

不排除世界上有很多坏老板，可老板那么坏，你还不辞职，这只能说明你就配那样的老板、干那样的工作。有本事的人，不是去找更好的工作、更好的老板了吗？

做工作，还是要服从上司的合理安排，别在小事上跟上司讨价还价。老板请你来，是帮他忙的。如果他需要你帮忙的时候叫不动你，那你也就别想在公司待下去会有什么前途了。

自己没什么本事，从事的工作可替代性又强，却天天跑去跟老板讨价还价，吃不得一点亏……站在老板的立场上，你就是一个"很难合作"的人，也许只能让你卷铺盖走人了。

（三）

我现在也有小助理。如果她给我的文档中出现错漏，而我不在电脑前，只能在手机上看文档，那么，我需要截屏、画线，告知她哪里需要修改、删除……这个过程，可能需要花费我十几分钟。但是，如果我在电脑前，我只需要花费三分钟就可以把所有的错漏修改好，再花一分钟把"正确范式"告知助理："这里有误，下次避免。"

这样操作，我就是在节省自己的时间，同时节省助理的时间。我愿意信任我的合作伙伴，相信对方的自觉，不因细枝末节的小问题而与对方掰扯个没完。

但我发现，职场中很多人不是这样的，双方可能为一点芝麻大的错漏，来来回回沟通半小时，甚至责怪对方为什么给自己增加工作量，为什么不照顾自己的感受，还美其名曰"我不惯你这毛病"，俨然自己顺手帮别人改了，就是"吃了大亏"，是"被对方拿捏了"。

查漏补缺，应当遵循效率原则。如果你能修改，就顺手修改；如若不能，最高效的沟通方法，是直接发出指令"你要如何做，不要怎么做"，而不是把精力消耗在指责、抱怨对方为什么不照顾你的感受，为什么这样那样。

观察那些在职场中更容易升职的人，你会发现：他们在执行老板意图的时候，大多善于抓重点，关注老板最想追求的大目标，小事上则善于变通，与人合作尽力追求共赢，说话做事给人留有余地，目标放得长远，而不会纠结于眼前那点得失，并力求每一次都占领道德高地。

抓重点，细枝末节的地方少计较，以和为贵，建立善缘，建立好的人际关系比纠结当前芝麻大的利益重要。吃点小亏，有时候别人反而会感念你的好。这世界上爱占便宜的人毕竟是少数，而且他们走不长远，但你大气点，会吸引很多跟你一样大气的人。

这买卖，长远来看是很划算的。

我认为，阻碍一个身处底层的人往上走的最大障碍就是认知。提升认知，最重要的一点是有远见。你不能"一叶障目，不见泰山"，相反，你要有能耐扒拉开那一片叶子，看到远处的泰山。

我和合伙人都是从中国农村最底层爬上来的，这方面的认知是一致的。我们决定开拓一个新业务，哪怕暂时没有盈利，只要能覆盖成本，都愿意花时间、精力去做。没办法，在这个领域，你就是新人，你想要积累案例、增加说服力，就不要太计较……人家把一个项目交给你这个新公司做，自己也要冒风险，你不该对不起这份信任和托付。

处心积虑想占你便宜的人，据我的体验，在人群中真的是少数，而且一般不会去当老板，绝大多数人是懂得跟你互惠合作的。

能从一无所有的底层攀爬上来的人，没有一个不是靠在先期"吃亏"来积累原始资本的。吃的亏多了，你积累的原始资本增厚了，你就有了底气，才拥有跟别人谈公平的议价权。

任何事，从0到1这一步是最难的。恕我直言，它就是靠"吃亏"堆积起来的。而且，这种吃亏，往往只是钱上面的吃亏，可在这个过程中，你磨炼了自己和团队，得到了更多隐形的资源和机会。而这些隐形的资源和机会，往往无法量化为钱，或者需要你用智慧运作一番才能变成钱，结果就被很多人弃之如敝履。

不要花时间跟那片"叶子"纠缠，而是要着眼于能让你摘到更多"叶子"

的泰山。

被称为"清初三大家"之一的散文家魏禧曾经说道:"我不识何等为君子,但看每事肯吃亏的便是。我不识何等为小人,但看每事好便宜的便是。"

郑板桥也说过一句流传甚广的名言:吃亏是福。

他有这样一幅书法作品,全文是:"满者损之机,亏者盈之渐。损于己则益于彼,外得人情之平,内得我心之安,既平且安,福即在是矣。"这句话的意思就是:一个人应该有一颗平常心,如果懂得付出而不去计较自己是否会"吃亏",那么你将拥有一个富有的人生。

我甚至觉得这是为人处世的一种哲学思想,和"福兮祸所依"是一样的道理。

当然,这里的吃亏,说的只是小事上的亏,跟你的权益受到严重损害是两回事。若是别人欺负到你头上来,你依然秉持"吃亏是福"的原则,就只能说明你很懦弱了。

余生真的很贵,远离那些消耗你的人

(一)

春节期间回老家,一个朋友跟我说:"某某也回老家了,我看她发朋友圈才知道的。"

我淡淡地回答:"是吗?我不知道。她已经把我'拉黑'了。"

认知突围：实现人生跨越的关键

朋友愕然："你们好像认识很多年了啊，我之所以认识她，也是因为你。"

我笑了笑："也挺正常。"

我朋友口里的"她"，是一个把我"拉黑"的朋友。

我和她高中时代就认识，毕业后都到广州工作，二十四五岁的年纪交往密切，随后一直保持着联系。在我的社交圈层里，她算是处于比较核心位置的人，是闺密行列的朋友了。

过去几年里，我们一起出游，也一起陪彼此相亲、疗失恋的伤，时不时还给对方寄点小礼物。我去她的城市，会住到她家里，她来到我的城市也一样。

我们认识彼此的父母、丈夫（或曾经的丈夫）、孩子，两个人聚在一起时，还经常撇开孩子躺一张床上聊到深夜。我给她寄礼物，恨不能把礼物盒里每一个空隙都填满。

当然，这中间我和她也有过不愉快。闲暇时间特别多的单身时代，我们俩经常因为对某件事情的看法不同而在QQ上吵起来，接着互不搭理对方好几天，但最后总能和好如初。

到了中年，我们辩论的概率变小了，大概是因为大家都变懂事了，能求同存异了。也正因如此，当对方一言不合把我"拉黑"时，我是有些小震惊的：这么多年的友谊，就为屁大点事跟我绝交？

我所说的"屁大点"的事，不过就是对方第N次找我倾诉自己的失落，而她失落的起因是我取得了一点点成绩，而且这些成绩我从未找她炫耀过。我出了一本书，她跑来找我倾诉，问我为什么她就不行。我买了一套房，她又跑来找我倾诉，说她拥有的一切都是婆家给的，不是自己创造的。每一次，我取得一点点微小的成绩，都能引发她的一阵崩溃。

实际上，我们的家庭经济条件相当，她有开明的公婆、靠谱的丈夫、懂事的儿女，朋友圈里晒出来的都是她幸福的家庭生活，而我是家里唯一的顶梁柱，墙上钉一颗钉子的钱都需要我自己去赚，为此，我的休息时间已经被压缩到最少。我从来没有嫉妒过她拥有的一切，但她为什么总是为自己不能拥有我所拥有的一切而万分失落？

那一次，听她类似的抱怨听得耳朵起老茧且忙得找不着北的我，没有再像往常一般开解她，而是直接怼了回去："人到中年，就别再把时间花在抱怨上了吧？人生很多选择都是双刃剑，你要么忍要么滚，不能什么都想要。再说了，每次我取得点小成绩，你就失落，就找我倾诉，你潜意识里是不是嫉妒我？"

也许是最后一句话刺痛了她，她瞬时将我"拉黑"。我当时还在微信对话框里输入第二段开解她的话，大意是"你看到我取得点成绩就失落，殊不知我能取得这点成绩，背后付出了多少努力。每天觉都不够睡的苦，我也在吃的。人生对谁都是不容易的"，可当我点击"发送"时，对话框却提示被拒收了。

我当时第一反应是："就为这？！"

她在微信里说过什么气人的话，我并不很在意，毕竟二十几岁时我们也常常辩论，但这个"拉黑"举动，触碰到了我的高压线。

"拉黑"陌生网友，可能是我们经常会做的事儿，但"拉黑"认识多年的朋友，在我眼里等同"绝交"。

大家都已经是当妈的人了，早过了玩"过家家""先吵架再和好"的年纪。她"拉黑"我，传达给我的信号就是："我不愿意再和你说话、交往，咱们就此别过，从此各安天涯。还有，是我主动跟你绝交的。"

换几年前，我可能会郁闷一阵子，但那天，我只是把手机扔在一边，爬回到电脑前继续工作，心如止水。

年纪越大,我越看淡别人跟我绝交这事儿。缘聚缘散和云聚云散一般,也就那么回事。人到中年,我也学会了给朋友圈做减法,不与任何让自己感到相处费劲的人来往。

站在那位我"曾经的闺密"的立场上,她或许也觉得和我相处比较费劲,和我绝交能让她的人生感到轻盈一些。冰冻三尺,非一日之寒,只是可能我比较迟钝,没察觉出来。我能做的,也只是尊重这种选择罢了。

就连张爱玲,也会跟自己要好到差不多要穿同一条裤子的闺密炎樱绝交。

张爱玲在天津生活时,就跟炎樱有来往。后来,二人又一同考入香港大学,成为同窗好友。

新中国成立初期,她们先后到了美国。不同的是,张爱玲嫁给了多病而贫穷的赖雅,而炎樱却与一位富翁结合。令张爱玲十分恼火的是,炎樱常常不顾她的感受,不厌其烦地向她炫富。由此,两人的关系慢慢地冷淡起来。到了晚年,两人的丈夫相继去世。炎樱财大气粗,总在张爱玲面前炫耀自己有钱、有魅力,其举止之张扬与庸俗令张爱玲深感不悦,至此绝交。

道不同不相为谋,也是一种自我保护。

(二)

人这一辈子,谁还没绝交过几个"朋友"呢?

有时候,对方不一定做过伤害你的事情,但若是你和他在一起时,总觉得不开心,那这种关系还是结束为妙。

我曾经主动绝交过一个姐姐,在这里姑且称她为兰姐吧。

认识兰姐以后,她就特别喜欢对我进行说教,总是居高临下评判我、指点我,大到我的人生选择,小到我新剪的发型。不管我是否愿意听、是否喜欢听、是否有耐心听、是否有闲暇听，她一味按照自己的喜好向我倾尽讲大道理之能耐，而且是重复相同或大同小异的内容。

她总说"都是为你好"，可我感受到的只是她对我的不尊重。那时，有两个男孩子追求我，我选了一穷二白但跟我更投缘的那个，她就说我"不识时务"。

我穿着色彩艳丽的长裙去见她，她当着一堆人的面说我这么打扮太不上档次，打趣说我像只掉了毛的孔雀。

那时候，在地位强势、说话咄咄逼人的她面前，我的话语权比较弱，也深知自己得罪不起她，所以一直隐忍。

可是，有一天，我还是忍不住了，在她评价我走路姿势畏畏缩缩的下一秒，我说："你有什么可神气的呢？不就仗着自己有个有钱、有权的老公才能在我面前这么颐指气使？"

这一席话说完，我也没打算继续在她的势力范围内混下去了。后来，她托中间人说和，想给自己找台阶下，而我觉得跟她没有再联系的必要，彻底"滚"出了她的圈子。

还有一位朋友，我产后一年多就跟她绝交了。

事后想来，我忍她不是一天两天了。

有几个细节挺有意思的。

她听闻我投资了另一套房产，非常讶异，打电话来询问我为什么敢在高位接盘（那会儿那样的房价的确算高位）。我跟她讲了理由，结果正讲着，女儿忽然撕心裂肺地哭了起来，原来是从床上掉下来了。我妈赶紧跑过去，把孩子抱了起来。

我也没心情打电话了，想挂电话去哄孩子。她听到孩子哭声并听我讲了这边的情况后，跟我说："没关系啊，我家孩子也从床上掉下来过，根本不会有事的。话说你那套房子位于哪里？靠地铁吗？升值空间大吗？"

她委托我帮她女儿交幼儿园学费，说自己没有手机银行，操作不方便。结果呢，每次都是让我先垫付钱，我去催促她才还我。

有一次，我催促她，她干脆回复我说，这回的钱她不用还给我了，因为我托她帮忙办事情，她帮我打点了人家。

我一脸蒙，心想：你帮过的人情，我已经还了很多，自认为已经做得很到位，但在帮你垫钱这件事上，我们是另一层关系。如果你向银行借了钱，你会理直气壮地说，你在银行存过钱，所以，某笔借款不必还了吗？

再后来，我慢慢跟她疏远了。

活到这把年纪，我只想取悦自己。与谁在一块最轻松、最舒服便以礼待之，相处得不轻松、不舒服则二话不说"拉黑"、绝交，真是简单粗暴。

跟别人绝交，其实对我自己来说，也是一种自我保护和止损机制。你通过绝交的方式，避免了对方进一步伤害你、消耗你的可能。

（三）

我向来只以我认为对的礼数交朋友，真诚、仗义、坦荡、懂得换位思考，确立好自己的边界，然后，给对方充分的尊重与自由。

和朋友在一起，我追求的无非就两个字：舒服。动不动就觉得我失了礼数、认为我的言行不符合某种交友规范的朋友，我早已将其剔除出我的朋友圈。我只跟让我感到舒服，我也能让对方感到舒服的这类朋友在一起。

人活一世，如果交朋友都不能找同类，活着还有什么意思？

跟交情不深的"朋友"因为"意见不合"或习惯不同而绝交，这类事情我也做过。

很多年前，认识了一个网友，现实中也见过两次面，我还去她的客栈住过（当然是付费的）。我跟她是怎么疏远的呢？有一次，我们共同的网友执意要在未婚状态下生下孩子，我们在群里讨论。

我对那位未婚妈妈说："我支持你的选择，孩子也是一条生命，只是以后辛苦点就是。"

那个朋友呢，则极力反对，希望未婚妈妈把孩子打掉，说她若要了这个孩子，一辈子就被毁了。而且，她一听我对未婚妈妈持尊重和支持的态度，立马炸了，说我自己成了单亲妈妈，所以也要拉着别人下水……

我当时有点小震惊，原来我在她眼里是一个"自己过得不好所以要拉人陪葬"的恶毒的人。

在同一件事情上观点不合可以理解，但在对方眼里，我已成了她厌弃和鄙视的这种人，那还相处下去干吗？一个人对你失去尊敬和欣赏，那就没必要再跟她来往，因为以后不管你做什么事情，都会被看不惯，都会被恶意曲解，这种人不来往也罢。

现实生活中，我确实很少因为观点不合或生活方式不同而厌弃和鄙视别人，也很少会通过一两件小事给别人的人品定性，很多时候我还向那些跟我绝交的人学习（见贤思齐，见不贤而内自省），但觉得人和人的这种互动还是挺好玩的。

人和人相处，本就喜好大于事实。喜欢一个人，对方做什么你都会帮他开脱；不喜欢，对方干什么都能成为人品差的"罪证"。

我有时候也会觉得，人和人之间的磁场很奇怪，你会无缘无故地想靠近某人，也会无缘无故地反感和排斥某人。你很愿意结交的人，擦肩而过后会给你带来惆怅；你反感却不得不去交往的人，只会给你带来硌硬。

想必喜欢和讨厌一个人也是没什么缘由的。气场合，自然一见如故；气场不合，就会一见如敌。人可能都是根据第一印象和直觉跟别人交往的，硬着头皮跟对方相处一段时间后，才对他的印象发生反转的，应该是极少数。所以，那些一开始就让你不爽的人，还是早点"拉黑"、绝交吧。

跟你气场合的人无论做了什么错事，你都愿意从善意角度去解读，以维护自己的"初衷"。气场不合的，可能对方喝水的姿势都让你反感……在相处这事儿上，哪有什么理性，全凭好恶。

还有一点，人和人相处，本质上就是一种利益交换。这个利益，也包括精神利益。

但是，现实生活中，每个人对利益的认知都是不同的。

很多人一旦跟你产生了联系，可能就会对你提出多种要求，一旦你达不到他的要求，他就会产生很多负面情绪，不停地暗示自己：这个人不值得交往，我在他身上捞不到什么"好处"。

时间长了，当这些情绪积累到一定程度，必然会跟你来一场"撕"，接下来就是绝交"止损"。

他的这种认知，也许是符合客观事实的，也许只是他的臆想。也有一些人，根本看不到别人为自己的付出，只看得到别人如何对不起自己。

好的关系，一定是相互的。你给我一个梨，我给你一个桃。给的时候，要发自真心，给完了之后，不能对别人有太高期待。一旦你产生了"我为你付出了那么多""你应该要怎么回报我"之类的想法，关系必然失衡。

从某种意义上说，跟别人绝交也只是生物的自我保护本能。

如此一想，不管是别人"拉黑"我，还是我主动从别人的生命中消失，都不值得太过于纠结，因为这是再正常不过的事儿了。

到这把年纪了，我谁也不想讨好，全凭自己开心，与谁在一起最轻松、最舒服便以礼待之，与谁在一起相处得不轻松、不舒服则慢慢疏远。

不可否认，人是社会性的动物。拥有和谐的人际关系，对我们而言太重要了。

与重要的人关系和谐，人就没有那么累。若是跟父母、伴侣、孩子等重要的人的关系不和谐，那会非常消耗我们的能量。也就是说，真正决定我们生活质量和幸福指数的是亲密关系。跟父母、伴侣、孩子的关系，都算是亲密关系。

若是跟次要的人关系不和谐，虽然会影响我们的心情，但不会严重影响我们的幸福指数。

亲密关系是要认真"经营"的，而某些"非亲密关系"是可以舍弃的。

我觉得，人和人的相处也是一个大浪淘沙的过程，所以不必缅怀感伤为何曾经无话不说的人现在会形同陌路，应该把有限的精力放在更值得的人和事上。

年纪越大，我越是对别人跟我绝交这事儿无所谓，这也是在给人生做减法。

美国影星梅丽尔·斯特里普（梅姨）曾经说过一段非常经典的话："对某些事情我不再有耐心，不是因为我变得骄傲和自大，只是我的生命已到了一个阶段，我不想再浪费时间在一些让我感到不愉快或是伤害我的事情上。对于愤世嫉俗、过度批判，与任何形式的要求，我没有耐心。我不愿去取悦不喜欢我的人，或去爱不爱我的人，或对那些不想对我微笑的人去微笑。我不想再多花一分钟在说谎或爱操控别人的人身上。我决定不再与假装、伪善、欺骗，或是廉价赞美共存。我不再能容忍学院派的傲慢发生在我身上。我不再为了广传的流言蜚语而改变我自己。我痛恨冲突和比较。我相信一个拥有两极的世界，这是为什么我避免与个性僵化和没有弹性的人靠近。对于友谊，我不喜欢缺乏忠诚和背叛。我无法与那些不知如何给予赞美和鼓励的人相处。夸张到我这份儿上，都难以接纳不喜爱动物的人。最重要的是，我没有耐心

认知突围： 实现人生跨越的关键

去对待那些不值得我有耐心的人。"

我觉得，如果一个人能活成这样子，已经很飒了。人到中年，我们都要与人为善，但更要有"一言不合就绝交"的勇气，学会给朋友圈做减法，不与任何让自己感到相处费劲的人来往。

缘聚缘散和云聚云散一般，说白了就是那么回事。重要的不是与你相处不来的某某，而是自己。

第4章

勤勉刻苦，
增加执行力度

认知突围：实现人生跨越的关键

学会放低自己，适当让渡优越感

（一）

我有一个朋友，是一家县级市银行的副行长，年薪上百万元。前两年他回老家，跟我八卦了一个细节。

春运期间，他不想开车就坐了高铁回家，结果村里一个特别八卦的老太太问他为什么没开车回来，是不是在外面混得很辛苦。

在老太太的认知里，在外地工作但春节没开车回家等于在外面混得不好。

朋友听了，只好讪讪地回答："是比较辛苦。"

老太太又问他做什么工作的，朋友说："在银行工作。"

老太太恍然大悟地说："啊，我知道，我去银行取过钱。你是不是就是坐在玻璃窗后面，专门给我们取钱的？"

朋友笑了笑，扶额回答："是啊，差不多吧。"

老太太继续问："那你一个月工资起码得有6000元吧？"

朋友回答："有的。"

老太太说："那你可要好好干啊，不要随便辞职，能找到一个月6000元的工作不容易。"

朋友回答："会的，我会好好干的。"

双方在愉快的氛围中结束了对话。

你说朋友要是给老太太科普自己的工作职务、性质、收入，老太太横竖听不懂，也想象不出来，甚至很有可能说他在吹牛。那还不如顺着老太太的想象，礼貌地结束话题算了。

所谓"夏虫不可语冰，井蛙不可语海"，说到底其实是因为双方认知不同。

夏虫的生命短暂，活不到冬天，自然也就见不到冰，连想象都想象不出来。你再跟它科普"冰"这种东西，也只是浪费口舌，那就顺着对方"只知夏"的逻辑，让对方一直停留在自己的认知层次，皆大欢喜。

（二）

前段时间，我妈跟老家一个多年没联系的阿婶打视频电话，让我也过去打声招呼。

阿婶一见我，就说我变胖了很多，还说我老了，我说："是啊是啊，都这么多年没见了，我肯定变胖了，也变老了。我都快40了，能不胖不老吗？"

寒暄完，阿婶抛出来一个问题："你现在住的这套房子是你买的吗？"

我说："不是，不是，这套太贵了，我买不起，我是租的。"

阿婶说："我听说广州的房子很贵，要一两百万元一套呢，一般人也买不起。"

我说："是的，是的，我也觉得很贵呢。阿婶，我今天比较忙，我先忙去了，改天你来广州的话，我带你出去玩。"

然后，我把手机还给了我妈。

我妈后来问我："你干吗不跟她解释说，你租房子住不是因为买不起？"

我说："我干吗要跟她解释呢？"

我当然理解我和我妈的这种思维差别。

我妈这辈人，总觉得儿女有一部分功能是给自己长脸用的。儿女有出息等于自己长脸，儿女没出息等于自己丢脸。我来广州这么多年，还让老家的人以为我在租房子住，老家的人就会看不起我父母，而我父母承受不住这种压力，就总想跟他们证明些什么。

可是，站在我的角度，阿婶不是我核心社交圈子里的人，我根本不需要向她证明些什么。我说我富有，搞不好人家会嫉妒；我说我穷困，搞不好人家会看不起我……那我最好被他们看不起，这样还可以杜绝他们找我借钱、逼捐之类的风险。

从某种意义上来说，某些人对我的"看不起"，对我来说一文不值。被他们看不起又怎么样呢？被这些人认为我很蠢、很穷又怎么样呢？我以及我拥有的一切，并不会因为这些眼光而上升或下降，它就在那里，不增不减，不垢不净。

处在低认知维度的人，是发现不了自己认知低的，只能由"处在高认知维度的人"去向下兼容。你认识到的道理，说出来他们可能也听不懂，纯粹是浪费口舌，所以，遇到某些人，你甚至都没必要去解释什么，顺着他们的认知维度往下说就可以了。把优越感让渡给他们，他们心里舒服，你自己也不会被进一步添堵。

（三）

好多年前，我和一个熟人一起参加一个会议，住的是一家五星级酒店。

开完会，一群人一起去酒店一楼餐厅吃自助餐。那里什么菜品都有。那个熟人专挑鲍鱼、龙虾、牛排之类的吃，主食吃的是意大利面，还额外花钱要了一瓶红酒。

我当时拿的主食是麻辣烫。本来这就是"萝卜青菜，各有所爱"的事情，岂料她看到我吃麻辣烫还加一大勺老干妈辣酱后，意味深长地看我一眼，然后说了一句："你老家是农村的吧？"

我秒懂她的意思，回答了一句："是啊，我农村来的，我的口味比较下贱。"

有一次，在一家培训机构，有家长问了我一个问题："你家孩子最近在上什么课外兴趣班？"

我说："在学跆拳道，但没坚持下去。"

结果，她立马露出鄙夷的眼神，说她家孩子不会把宝贵的时间和精力花在这种地方。

我只好顺着她给的竿子往上爬，问她家娃学的什么。

她回答："冰球，光买球杆每年就要两万元，一年课时费要十万元。"

我秒懂，赶紧抬轿子："哇，你家好有钱。"

大家在欢乐的氛围中结束对话，宾主尽欢。

而我后来了解到，她家甚至都没在广州买房，老公还欠了很多外债。她之所以要花那么多钱在孩子身上，是因为她老公在外面还有一个私生子，那些钱她孩子不花掉，就有"另外的孩子"来花掉。

我不知道她为何执着于"人前显贵"，在这么小的事情上都想占上风。如果她遇到的是那种胜负欲强的人，搞不好这场谈话会很不愉快。毕竟，跟别人谈话时也不忘展现优越感的人，挺招人嫌的。

哪些人招人喜欢？就是懂得让渡优越感的人。

比如，有一次我送女儿去同学家的别墅玩，我顺道进去参观了一下。参观过程中，我说："好羡慕啊，我也想住别墅，但我买不起。"

那位妈妈马上接话："不一样啊，我们家四个孩子，家里一共住了六口人，你们家就两三个人住，人均资产还是你家多。"

这种回答问题的方式就很巧妙。

（四）

我在澳大利亚的闺密就是一个特别懂得藏锋的人，当我把她当成人生样本观察的时候，还真能从她身上学到很多东西。

我们是十几年前在一个网络论坛（BBS）里认识的。在 BBS 里面，每个人都想展示自己最好的一面，以让大家注意到，但她是个例外。

她在论坛里看我们写帖子，偶尔回复一两句，顺便提及自己的生活。言辞之间，她丝毫没有任何优越感，只说自己人很笨、出身低、长得不好看、个子不高、学历很低、英语很差，到了澳大利亚连报纸、电视都看不懂，除了老公不认识其他人。

有人回帖说："你好猛啊，语言不通你都敢只身嫁过去。"

也有人真信了她说的话，问她："那你老公看上你什么了？"

她回答："因为我老公也是很普通的人呀，长得也很一般。"

我们让她上照片，她说："不，我真的长得不好看。"

我们真正变得熟悉，是通过微博和微信。她经常在微博和朋友圈发一些发生在自己身上的笑话——因文化差异跟老公闹出来的笑话。

比如，她说她家在澳大利亚过得并不富裕，但那边有一点好的是，如果哪家有不用的家具，就会扔到一个公共的角落，谁家需要可以直接去搬。有一回，她跟老公在路边看到一个沙发，觉得那沙发就那么丢弃了很可惜，就准备下车去搬运，结果搬到一半，才发现那户人家只是在搬家，囧得她想找个地缝钻下去。

又如，她说她跟老公吵架以后，老公想知道她在想什么但苦于看不懂她在朋友圈里发的汉字，就找了翻译软件，但其实她当时只是在朋友圈里教大家怎么炸薯条，其中有一个词写的是"滤干油"，结果，她老公的翻译软件翻译出来的是"fuck oil"。

第 4 章　勤勉刻苦，增加执行力度

在三聚氰胺毒奶粉事件出来之前，我们只是神交已久的网友。这事儿出来之后，我真的不敢买国内的奶粉了，就托她帮我代购，再由她成批量地给我寄来。

有一次，刚好她拖家带口回国探亲，就随行李给我带了一些奶粉回来，我去机场取奶粉。一见面，我第一反应是：天哪，她哪里笨、哪里丑、哪里英语不好了？

那个夏天，她先带三个孩子回来，她老公则因工作原因隔一段时间才能来中国。后来，她老公在广州转机，需要在广州滞留一个晚上，我尽了一下地主之谊，请她老公来市区吃饭并逛了一圈。一接上头，我第一反应是：天哪，她老公哪里普通了？哪里长得一般了？明明是一个受过良好教育、很有绅士风度而且很爱老婆孩子的男人啊！

再后来，我去她家玩了一趟。她家在澳大利亚西部一个城市，住的是小别墅，算不上很富裕，但还算殷实。她老公很懂得避嫌，想给我科普澳大利亚书籍的出版流程，需要单独把我叫去书房电脑前，都会提前跟她说一声，并且自始至终保持书房门开着。

据她讲，她老公在昆明某大学当外教的时候，班上好多长得漂亮的女学生都给他写情书，而他收到后，直接拿回家，和她一起拆开看。这也是她当时愿意死心塌地跟着老公来澳大利亚的原因之一。

我在澳大利亚玩了一个星期，她陪着我到处逛，带我去看袋鼠，还陪我去酒店过了跨年夜，看了烟花。那几天，我真心惊讶于她的高情商以及为人处世的能力。英语不流利？不存在的事。笨？更不可能。才去了澳大利亚四五年的时间，她已经结交了好多当地的朋友，去哪儿都有她认识的人。

现在，我这个闺密在澳大利亚开起了中餐馆，卖的是云南米线。她做食物一绝，很快俘获了当地华人的胃，赚了一些钱后，她回国给父母买了房子，还把侄女接去澳大利亚留学。

我问她:"你当初为什么把自己形容得那么差啊?搞得我以为是真的。"

她说:"我说的是真的呀,我真不觉得自己长得好看,也不聪明。而且,人一旦表现得比别人强,就很容易招来妒忌,还是低调点好啦!我也不必向所有人证明我自己多厉害不是?"

她的学历是不高,只有中专学历,但那年头,中专录取分数线比重点高中还要高,很多农家孩子想早点参加工作减轻家庭负担,都会选择中专。在上中专的时候,她就开始勤工俭学,跑到丽江的西餐馆打工。

那会儿,丽江还不是中外驰名的旅游胜地,古城里住着的全是原住民,去丽江旅游的大多数是外国人。她就是在餐馆里当服务员的时候,认识了在昆明某大学工作的老公。

她后来问过她老公,当时为什么看上她,她老公回答,餐馆里看起来最漂亮、最聪明、最勇敢、笑起来最甜美的姑娘就是她!

她那会儿英语不好,但她肯学敢讲。被外国男友写信追求,她也敢答应,毕业后就随他去昆明生活,接着又跟他回了澳大利亚。我想了一下我和她相同年纪的时候(18岁),感觉自己可能没有这种胆识。

18岁的时候,如果我感觉自己英语口语水平一般,就不敢去跟外国人对话。即使有像她老公一样的外国男人的追求,我可能也不敢答应,答应了也不敢跟随他去澳大利亚——害怕文化差异、害怕未知。

我因为前夫出轨而离婚的时候,曾经问她:"如果你老公出轨怎么办啊?"

她回答:"他敢?如果真敢,我在国内也有房子和钱啊。"

我也是从她身上才意识到一件事:永远不要相信"能把自己生活拾掇得不错的人"的自谦。他们自谦,只是想藏锋。什么样的人才需要藏锋?是有两把刷子的人,是真正拥有利剑,但怕这股子剑气招人嫉恨或是伤到别人的人。

（五）

我刚离职创业的时候，时不时会在旧同事可见的朋友圈里分享我做成功的项目。那会儿我想得挺简单。我把旧同事当老朋友，让他们知道我辞职创业后都干了什么，搞不好人家可以给我介绍业务。

但我忽视了"嫉妒问题"——哪怕我已经离职，对旧同事构不成任何威胁，但我们之间隐形的竞争还在——就像你都小学毕业十几年了，可能你的某个小学同学还在跟你攀比。如果你混得太好了，可能会让一部分人嫉妒，甚至怀疑自己。然后，你可能就成为承载这种负面情绪的靶子，对方不仅不给你介绍项目，搞不好还故意给你使绊子。

比如，我一个旧同事，每次看我们接项目就很嫉妒，揣度我是靠行贿拿单。我应邀去一些企业讲公文写作课，收课酬的时候，他也难掩嫉妒，在熟人圈子里说我水平低，大概是觉得这么点"小虾米"也应该他来吃，而我不配。

合伙人也是从体制内辞职创业的，他也发朋友圈，但他发的是表现自己"加班加点苦逼做项目的努力过程"，不发"项目成果"。我仔细一琢磨，觉得他这样做很对。我发项目成果，会让一小部分旧同事觉得：你又做成了一个项目，那你肯定又挣了些钱。

这真的很容易让人产生"酸意"。但如果你只发"辛苦奋斗的过程"呢？这样既宣传了"我在做什么、能为你做什么，您有需求可以找我"的这一主题，又传达了自己"离职创业后并没有过上多风光的生活，依然还得辛苦做事"的状态。接下来，你就能尽可能多地消解"敌意"，得到更多"共鸣"。

现在，我也慢慢学乖了，一旦发觉自己客观上有"炫耀"的嫌疑，哪怕主观上没有，就赶紧讲自己的努力过程：我觉得我走到今天，真的付出了很多。我经常每天工作 16 小时，腰椎坏了，眼睛近视了。将来，恐怕你们还在跳广场舞时，我已经躺在 ICU 病房并纠结要不要拔管了。

优越感有时候不全然是个坏东西，人类需要优越感就像需要道德感，因为优越感促人奋进。"我比你做得好，所以这事儿我来做""我喜欢比你强的感觉，所以我愿意付出更多的努力""你那么没素质、愚蠢、卑鄙，和我不是一个层次的人"等想法，都是优越感的体现。

正因为优越感是自恋本能，因此，懂得放低自己，放下和克服优越感，以平等姿态跟他人相处的人，是能人。懂得适当把"产生优越感"的权利让渡给别人，把别人架在高处为自己做事的人，是高人。

有时候，我会跟聘请的员工、助理、保姆因琐事产生一点小摩擦，特别是和员工，经常气话到了嘴边，我又倒吸一口气，换一种口吻说话。

我时刻提醒自己：要做一个懂得把优越感让渡给别人、把别人架到高处为自己做事的人，如果我做不到这一点，就是被他们聘，而不是我聘他们。

这样一来，我瞬间就心气平和了。

强者解决问题，弱者关注情绪。这是近年来我的一个观察。

越是成功的人，在做事情时越是能坚持"问题导向""目标导向"。他们先设定一个目标，接下来努力朝着那个目标靠近。路上，免不了会遇到路障，遭遇非议、质疑和嘲笑，但他们往往不会和这些东西纠缠太久。更多的时候，他们关注的是这个事情与目标关系大不大。大的话，解决它；小的话，无视它。

让别人舒服的程度，能决定我们的人生厚度。关键时刻放低自己、当一个"愚者"，实际上是以退为进。不必为鸡毛蒜皮的小事跟别人争个你死我活，因为你的世界、你的重心是星辰大海。

不要陷入自证陷阱

（一）

《水浒传》中，杨志是我比较同情的一个角色。他不算蠢，在处理很多事时表现出了比较智慧的一面。而且，他武艺了得，与林冲对决，不落下风。

杨志是"杨家将"的后人，但到他这一代的时候，杨家已经没落，他好不容易考上武举，当了一个公务员，但押运花石纲的过程中，船翻了，他怕承担罪责而逃匿，最后被革职。

工作没了，他想找关系、拿银子去疏通，结果反被高俅骂了一顿，钱花了，关系没有疏通。此时，他连回家的路费都没有了，被迫卖掉祖上传下来的刀。

对杨志这样的武人而言，祖传宝刀是他最后的尊严。出卖宝刀，意味着他封妻荫子的美梦成空，凝结着他家族血肉和性命的荣耀也被迫出让。他已经彻底接受了自己沦为最底层农民的命运。但是，很不幸地，他遇上了无业游民泼皮牛二。

杨志深知人情世故，知道冲动的后果和代价，面对牛二的耍横碰瓷，他极力隐忍，但最终还是忍无可忍，一刀要了牛二的命。

牛二的挑衅法，无非是不停让你自证。你说你家的刀锋利，那你来砍砍这堆铜钱试试？哦呵，不错哦。那你试试这根头发丝？好像还行。你说杀人不流血，那你也试试啊。

杨志陷入牛二给自己布控好的自证陷阱，说可以杀条狗试试。牛二不让，还抢刀、打人，被杨志误杀。牛二也用生命证明了杨志的宝刀确实杀人不沾血。

我之所以同情杨志，是因为他上梁山的缘由跟其他人是不一样的。

鲁智深最终上梁山，是因为打抱不平。

林冲是被高太尉逼上了梁山。他在体制内谋生，还有一个与自己感情不错的妻子，体制内那份工作和他的妻子就是他的软肋。身处江湖纷扰中，他的软肋不幸落入他人之手，因而身不由己，难以自主。

武松上梁山，是因为杀死潘金莲，但他还是有不落草的条件，只是后来被设计、被嫉妒，不得已"血溅鸳鸯楼"，才走投无路。

晁盖等人是见财起意，要去夺走杨志押送的生辰纲。

宋江则是立场不坚定，想为朝廷效力，但又向往江湖豪气，最终被阎婆惜抓住了把柄。

卢俊义更倒霉，他自己是富商，什么也不缺，但被梁山集团看上了，吴用用计把他骗上了梁山。如此等等，不一而足。

唯独杨志，他落草为寇，单纯是倒霉，落入了牛二要求他自证的陷阱。

（二）

我大学舍友阿霞，原先住在另一个宿舍。或许是她的家庭条件比较好，吃穿用度是宿舍里最好的，她被嫉妒了。接着，她被怀疑偷了前舍友的钱，经历了被排挤和被孤立的痛苦，后来才搬来了我们宿舍。我们跟阿霞玩在一起，相处了两年多，知道她不是那种会偷舍友钱的人，至今大家依然是很好的朋友。

事实上，阿霞的前舍友们的排挤行动很久以前就开始了。排挤的方法，就是让一个人先指控她勾引某个男生、她某天坐公交没有给钱、她的某篇作业是抄袭的，另一个人则迅速帮腔，要求她自证。

第4章 勤勉刻苦，增加执行力度

在被指控偷钱之前，她一直在辩解：我不是这样的，我没有勾引某个男生，我那天坐公交给钱了，我的某篇作业不是抄袭的。

当然，如你所知，她证明了自己没有勾引 A 男生，又得去证明自己没有勾引 B 男生。她某次坐公交确实给钱了，又得去证明下一次是不是也给了。她刚证明完自己某篇作业没有抄袭，又被指控另一篇作业是抄袭的。

她没完没了地陷入自证陷阱，却识破不了别人只是想把她逼出那间宿舍而已。后来，她搬离了原先的宿舍，这些恶心事才离她远去。

那时候，我们都是不到 20 岁的女生，不知道这些心理陷阱。如果时光可以倒流，我真想告诉她：要求你不停自证的人，都是吸血鬼。不要陷入这种自证陷阱，你没有义务向任何人自证清白。

很多渣男也很喜欢用这一套去控制女生。他要创业，想找你借钱，你不借就说你不爱他，然后，你为了证明自己爱他，就把自己的钱掏出来……可是，姐姐，等一等，他是谁？你凭什么要向他证明你爱他？

如果你是一个小店主，有人指控你卖的东西是假的，那你就要花时间、精力去自证吗？很有可能你证明了这个，对方又说你另外一个东西也是假的，那你证明得过来吗？

司法界有个定律：除了少数极难举证的情形外，"谁主张，谁举证"是通用惯例。比如，你说他杀了人，那就由你找证据证明他杀了人，而不是要求他自己证明没有作案时间、作案动机、作案工具等。连检察院给你定罪，都是检察院自己将证据坐实、做完整的，你凭什么要跟一个对你心怀恶意的人自证清白？

认知突围：实现人生跨越的关键

（三）

刘邦和项羽曾展开一场面对面的激烈对峙。项羽兵临城下，刘邦稳坐城池中。

那时候，项羽的军事实力比较强，但也没有达到可以直接跨越城墙打刘邦的程度。急躁的项羽想快些结束战争，于是在城墙下面向刘邦喊话："天下匈匈数岁者，徒以吾两人耳，愿与汉王挑战，决雌雄，毋徒苦天下之民父子为也。"

这话的意思是：天下之所以战乱不断，就是因为我们两人的恩怨一直得不到化解，你有种就跟我单挑，不要牵连天下人。

项羽想用话挤兑刘邦与自己决战，但刘邦不傻，他比项羽大24岁，怎么可能去跟他单挑，但他必须要回应一下，不然也不礼貌。刘邦只说了一句："吾宁斗智，不能斗力。"大概意思是，我宁肯跟你斗智慧，不想跟你比力气。

刘邦就是没有跳入"由对方来制定打法规则的陷阱"，而是"重建了另一套规则"。

所以，下次遇到那些对你不怀好意的人要求你自证清白，请不要再跳入对方的陷阱，而是要学会"不接球，只发球"，甚至"以其人之道还治其人之身"。

所有的言语冲突，说白了都是一个争夺定义权的过程。你若是把对自己人生的定义权拱手让人，那就只有被打趴下的份儿。

如果一个人跟你说"像你这种有了孩子后还离婚的人，不配为父母"，那对方就是想按照自己的逻辑，把你定义为一个"不配做父母"的人。这种时候，如果你认认真真解答"配不配父母，不是以离不离婚作为评判标准"，那你就会陷入被动，还不如直接怼一句"关你屁事"。此时，定义权就回到了你这里，你把对方定义为一个"多管闲事"的人。

一个人如果当面评判"你这发型好丑"，你不要去自证"我的发型不丑"，直接回怼一句"你这一身赘肉，丑到家了"，让对方去崩溃。

有意义的辩论，才要先接球，再发球；无意义的吵架，对方的球一过来，你二话不说，直接反弹出去，简单粗暴却有效。

（四）

现实生活中，我发现女性更容易掉入试图向父权体系证明"我是个好女人"的陷阱。

其实，这种陷阱，真的不必跳。你做个"好人"是应该的，是人应该做的。但是，做个好女人，不是必需的。你做了"好女人"，很多时候受益者也不是你自己。

现实生活中，我发现很多女生有一种倾向：总是向恶人、坏人、对自己不怀好意的人证明"我是好人"。

渣男说你不是个好女人，你就努力想证明自己是。婆家说你贪财势利，你就努力想证明自己不是。前夫和他老婆说你打扰他们的生活，你就想努力证明自己没有。别人每向你泼一盆脏水，你都要努力证明自己不是别人嘴里说得那么污浊与不堪。

可是，亲爱的，为什么我们要向这些人证明自己呢？这些恶人、坏人、对你不怀好意的人说你"不是个好鸟""不是个省油的灯"，不正说明这是你的荣耀吗？如果你被这种人盖章认证"是个好人"，那才很糟糕。

我们永远不需要向那些——从来不把我们当回事甚至对我们恶意满满的人——证明我们不是他们说的那样子。我们在乎的人、在乎我们的人，知道我们是什么样子，这样就可以了。其他人都是干扰项，他们的看法、评价不重要。

总之，不要试图向那些"本身就很有问题的人"证明自己"没问题""是个好人"。不要陷入没完没了的自证。这相当于把自己的人生裁判权交给了别人，相当于把自己的人生当成一份答卷，而把别人当成了阅卷老师，由对方给你打钩打叉。这样的人生是很被动的，你很大一部分时间得围着别人的需求和评价转，到头来只是"爽了别人，苦了自己"。

结交贵人的有效方法

（一）

我们常说到一个词：贵人运。

很多人是因为遇到一个贵人，才变成功的。

这个贵人能给他带来很大的机遇，改变他的人生轨迹。

可是，"贵人运"是什么呢？我觉得就是一种"让别人看得起你"的气场。

美国有个传记作家叫作爱德华·波克，就很善于经营"让别人看得起你"的气场。

他出生在一个没有任何权贵背景的波兰家庭里，6岁时以难民身份随家人移居美国，只上过六年学。

12岁后，他就因家贫辍学了，开始到电信公司工作。

工作后，他省下一部分钱，买了一套《全美名流人物传记大成》。

他给书中的人物写信，问他们书中写的童年往事是否属实。

比如，他写信给格兰特将军，问他一些南北战争的细节问题。

他写信给当时的一位总统候选人，问他是否真的在船上工作过。

这些大人物对一个14岁的小难民也充满了好奇，很乐意回应他。

就这样，他愣是通过这种方法认识了美国一些特别有名望的大人物。

之后，他一边学习写作技巧，一边向上流社会的权贵人士自荐，为他们写传记。

慢慢地，有人开始邀请他为自己写传记。20岁不到，他就接了很多写传记的活儿，还雇了几名助手。

又过了一段时间，他经人推荐，被《妇女家庭杂志》邀为编辑。

他在这份杂志社做了30多年，将这份杂志变成了美国销售量最高的著名妇女刊物。马克·吐温都是他捧红的，他还游说海伦·凯勒写作并发表她的自传《假如给我三天光明》，他曾是10位美国总统的座上宾。

波克为何能遇到贵人？单纯是他运气好吗？显然不是。

他一直在经营自己"让别人看得起自己"的气场，所以那些贵人才愿意跟他结交、给他机会，而他也因为善于经营人脉圈，才获得巨大的成功。

（二）

我出身农村，而且是国家级贫困县的贫困村。我上高中的时候，差不多就是整个家族文化程度最高的人。我的成长，没有任何有远见卓识的家族前辈引领，全部靠自己摸索或是靠贵人帮扶。

小的时候，我是靠学习好，赢得了老师、校长的帮扶。他们给了我很多良好的建议。比如，我去县城上初中，一开始我数学跟不上，我就给小学数学老师写信，向她请教方法。

她教我、鼓励我，虽然我不记得具体鼓励了什么，但那时候在她的努力下，我真的用一个学期的时间，狂追上去，再次稳拿第一。

后来，我上高中，第一学期也是跟不上其他同学的脚步，后来奋起直追……那时候我家极度贫寒，经常连学费都交不上，但因为学习成绩还行，班主任夫妇不仅为我积极申请学费减免，更是在关键时刻伸出援手，亲自为我垫付学费，寒冬腊月给予我衣物御寒。及至高考前夕，后来的班主任也竭力相助，为我垫付了高考报名费。

我热爱写作，语文老师布置的寒暑假作业是写三篇作文，别人就写三篇交上去，我写了整整一作文本，然后，语文老师每一篇都认真看了，还写了长长的一段点评，鼓励我坚持。

我那时候开始交笔友，笔友是北京的大学生，他们用勤工俭学得来的钱，联合资助我的生活费，虽然不多且很快停了，但我参加工作后，把这一套资助方式学了来，又联合其他朋友资助了几十个小朋友。

大学里，我认识了很多同学、老乡……找工作时到广东，我没钱、没工作、社会经验少，我的师兄师姐给了我很多帮助。我报考公务员期间，为了省点住宿费，还去过师姐的宿舍里住。后来，我有宿舍了，我又让我的师妹来找我投宿。

工作后，认识的领导、同事，好多也是我的贵人。我跟着他们买房、投资，赚到一点点小钱，而且我买房的时候，他们还借给我钱。

再后来，我加入民主党派，在支部里认识了很多前辈。他们当中有很多大咖，而我也靠自己的勤力、谦逊，得到了其中几个人的欣赏……然后，我爸中风的时候，有人很快帮我安排好了床位。我有事儿的时候，他们帮我出谋划策，一个建议顶千金。

我认识了好多邻居，并在小区搞了两轮维权还都成功了，我得到了邻居的支持和认可，其中有几个在我搬家、办线下活动时帮过很多忙。

我有一个很大的感触：平时一定要结交一两个"很厉害"的人。遇到自己搞不懂的事，问人家三分钟，顶你自己摸索三个月。那三分钟的建议，价值千金。

具体应如何结交？首先你本身要有能拿得出手、令人家欣赏的"点"，平时要"眼快手勤"，在能发挥你的特长帮到"很厉害的人"的事情上，主动积极不犯懒。

别把这些事情理解为趋炎附势、溜须拍马，因为最终得益的是你自己。

（三）

问题来了：怎么认识大咖和贵人，并让人家看得起你、愿意帮助你？我的体验有三点：

第一，先把自己变优秀。

搞人脉关系的前提，是先让自己成为一个优秀的人。

很多时候，我们讲的一些正确的道理没人听，不是因为这个道理不正确，而是因为我们自己不够分量。同样地，在处理人际关系的时候，人千万不能舍本逐末。"本"是什么？就是你是一个怎样的人。

20来岁的时候，我很迷茫，也看过一些心灵鸡汤、成功指南。那些鸡汤和指南每天都在教导我：二十几岁是人生最重要的几年，你要学会经营人脉，要多去参加聚会，认识有头有脸的人物，将他们发展为自己的贵人。

如今，我再回头看这些论调，只觉得这些都是"毒鸡汤"。如果你自己什么都不是，在事业方面毫无建树，没有一样东西拿得出手，大咖们谁会带你玩、给你机会？

认知突围：实现人生跨越的关键

被大咖们注意到，然后一路被贵人提携，实现人生逆袭的人，是极少数。生活不是拍电影，我们最大的贵人只能是自己。

当你还是一只小鸟的时候，别老想着要借风飞上高枝。用你仰望高枝的时间去练习飞翔，全世界的树枝都可以成为你的歇脚处。当你还是一棵小树苗的时候，不要老幻想着能引得凤凰来。等你长成参天大树，凤凰自然愿意来栖息。

别人是否看得起你，取决于你是一个怎样的人。先强大自己再去有效社交，比只顾着拓展人脉却不让自己变得有价值要事半功倍。

栽好梧桐树，才能引得凤凰来。你自己若"什么也不是"，那大概率只能吸引到"什么也不是"的人来到你身边。

如果你做出一点成绩，别人就会慢慢认可你，甚至欣赏你、支持你，所以，首先是"要拿成绩和实力说话"，而不是急着去"攀附关系"。

如果你暂时挤不到更高的圈层，那就持续在自己擅长的领域发力，有一天你配得上了，自然就不会感受到被排挤了。

第二，保持礼貌、谦卑、感恩，用"交换思维"而不是"乞讨思维"为人处世。

越是大咖，越是看不起目的性强、趋炎附势的人……他们已经走到了那个级别，随便给出一个信息、一点帮助，就能改变别人的命运，但是，他们也很注重风险，很反感那些心怀不轨的"白眼狼"靠近自己。

遇到大咖和牛人，你首先要承认"优秀和成功的稀缺性"，然后向对方学习、找机会与对方合作。如果需要大咖帮忙，最好是用"交换"的方式，而不是赤裸裸地去"乞讨"甚至"道德绑架"，这很容易被人看不起。一旦人家看不起你，那还怎么帮你呢？

比如，找陌生博主咨询，你要么为人家单独开解你的时间付费，要么给人家提供写作素材，不然，人家凭什么花费自己的时间、智慧为你解忧，听你倾吐一堆情绪垃圾呢？

又如，别人帮了你小忙，你要学会回馈，让别人觉得你是一个"懂感恩的人"，下次还愿意帮你。

用"交换思维"而不是"乞讨思维"过人生，这才是一个自我负责的人应该有的态度。

大多数情况下，你的幸福来源不在外界，而在你身上。你自己能为别人提供什么价值，决定了你能从别人那里得到多少价值。

福出者，福返。爱出者，爱来。

第三，找志同道合的人。

我一直认为，"跟对人"比"做对事"更重要。就拿体制内写领导讲话材料这么一件小事来说，如果你的文风很对领导的胃口，你就写得很顺利，也很容易得到提拔。若是你的文风甚至你整个人都不对领导的胃口，就很容易坐冷板凳。

有时候，"跟对人"是"做对事"的基础和前提。与我们"气场合"的人，做什么都对。即使遇到难题，大家也会善意地理解对方的言行，好好沟通，合力把事情解决。遇上"气场不合"的人，那你做什么都是错，随便发生一件小事情，都能让对方觉得你是在针对他、敷衍他、伤害他。

所以，不要强求，尊重自己的直觉。如果跟大咖志趣不相投，那就不要再往前凑了。强扭的瓜不仅不甜，还可能有毒。

毕竟，有些人是不值得跟的，尤其是那些热衷于混圈子、搞山头文化的人。

这类人搞的只是党同伐异、结党营私的那一套。如果你服从他，你就前途不可限量；如果你不服从他，你就会被打压、被排挤。站队决定一切，实力、业绩反而不重要。这样的职场生态实在可怕。

如果圈子文化和山头文化太过于强大，个人很容易被碾压，而保全自己最好的方式之一，就是主动加入它。可这类圈子文化、山头文化并不是真正意义上的团结合作，它有时候产生的是"1+1＜1"的效果。它用一种表面上的强大，掩盖了背地里的欺压和不公平。

普通人如果反感这一切，那就不要参与了，大不了少赚点钱。

（四）

人活在这个世界上，都是需要社交的，需要"互相麻烦"的，所以，不要怕麻烦别人，也不要怕别人来麻烦你。而如何维系这些关系，我有以下四点体悟：

第一，真诚。

你待人是否真诚，越聪明的人越能感知出来。只有你先付出真诚，才能吸引那些同样真诚的人来到你身边。别装，别骗人，别玩虚头巴脑的那一套，要低调谦逊，要用真心去换真心。

第二，不势利、懂感恩。

没有人不喜欢懂感恩的人。别人帮了你，记在心里，有朝一日要帮回去，或是平时用别的方式去感谢，不必计较是否对等。

如果对方失意了、不得势了，也不要落井下石，不要马上对人家从"热脸"换成"冷屁股"。人家帮过你，哪怕他自己栽了，你也要记这个情。也许那个人对你没有"利用价值"了，但是你还是生活在一个无形的熟人圈子里，你的嘴脸转变得太快的话，其他人看到了也会远离你。

第三，先给利益，再攀交情，最后谈其他。

友谊也好，交情也罢，就像是母鸡一样，都是需要"养"的。而"交换资源"，则是这只"鸡"下的"蛋"，它是一个自然的结果，而不是靠你急功近利得来的。

如果目的性太强，还很容易引人反感，因此，不管跟谁相处，都先要摒弃想要"利用别人"的想法。

先通过"交换思维"与别人互通有无、互换友谊、建立信任和交情；有了信任和交情，再去谈其他。

第四，学会搞"龙头社交"。

搞社交，当然也不是满天撒网式地搞，毕竟我们的时间、精力有限。

到一定年纪之后，我上有老、下有小，时间分配不过来，那就只能抓龙头社交。什么叫"抓龙头社交"呢？就是找准某个团队中的核心人物，如果他恰好比较欣赏你，你主要跟他交好就可以了。

比如，我跟校友会一个热心的师兄混熟以后，若是我需要什么校友资源，就可以通过他，实现与其他校友的链接。

又如，我们支部主委，人脉资源甚广。我跟他混熟，得到他的欣赏和认可后，在生意上遇到什么问题，都可以通过他去联络到其他支部成员。由他发话和背书，我和其他成员之间的信任成本也就变低了。

再如，孩子同学的家长，我真的无法认识那么多，我就结交一两个学霸的家长外加一两个家委，再通过他们链接到更多家长。

就连跟邻居结交，我也是优先找到业委会主任，再成为他们家的座上宾。上次我车没电了，也是上届业委会主任帮我解决的，他跟我说以后找他就行了，即使他不能来给我搭电，他打电话找个邻居也能解决问题。而他之所以看得起我，是因为当初成立业委会，物业方面给了他很大的压力，而我给了他很大的心理支持和声援。

说到这里，可能又有朋友提出疑问：你说的这些道理我都知道，但我不知道应该怎么做，我不知道怎么迈出第一步。

其实，主动社交真没有我们想象的那么难。我们拿结交邻居来举例。

认知突围：实现人生跨越的关键

俗话说，远亲不如近邻。真有个什么事儿，再亲的人可能都赶不过来。平时维护好跟邻居的关系，紧急时说不定会派上用场，所以，我每搬去一个地方，都要想方设法结交一两个聊得来的邻居。

怎么建立和维护与邻居的关系？步骤如下：

第一，先搭讪，看气场合不合，看人家愿不愿意跟你交流。

第二，表达想交往的善意。我一般就是送礼物，或者撮合小孩子们在一起玩。

第三，熟悉了之后，开始加对方的联系方式，时不时与对方聊一些大家都比较感兴趣的话题。比如房子何时买或租的、价格多少，自己家情况是怎样的。

第四，开始串门儿，时不时来点信息交换和互赠物品。

第五，成为熟人甚至朋友之后，临时遇上个什么事儿，让人家帮忙也就不难了。

最难的是搭讪这一步，我的话术一般是：

"你也住这里呀，我是上个月搬来的，你呢？"

"这是你小孩呀，好可爱呀，多大了？上学了吗？在哪儿上学呀？和我女儿一个学校呀，那学校……我家也有个小朋友，欢迎来找我家小朋友玩。"

"阿姨你哪儿人呀？哦，是那个地方的呀，我有个朋友也是那里人，你们那里的××美食可好吃了、××景可好看了，有机会我也想去玩。"

"这个电梯……这个物业……"

所有人都是"一回生，二回熟"的嘛。

第 4 章　勤勉刻苦，增加执行力度

如何克服"怕领导"问题

（一）

热播剧《甄嬛传》里，甄嬛和安陵容初次侍寝时，面对皇帝都很紧张。

两个人说了不同的话，导致不同的结果。

皇上问甄嬛害怕吗？甄嬛说："臣妾不怕，于皇上而言臣妾只是普通嫔妃，可臣妾却视皇上为夫君。姑姑教导过臣妾该如何侍奉皇上，却从未教导过臣妾该如何侍奉夫君。"

安陵容初次侍寝却以尴尬收场，只因为她一直全身发抖，皇帝以为她太过害怕一时没了兴致，便把她退了回去。

安陵容之所以这么怕皇帝，是因为她家世一般，在宫中也备受歧视，见到皇帝甚是紧张。

如果把后宫比喻成一个职场，对甄嬛和安陵容而言，皇帝就是领导。面对领导，甄嬛是敬而不怕，她的站位更平等，既把皇帝视为上司，又把皇帝视为丈夫。君臣关系和夫妻关系夹在一起，她处理得更好。

安陵容却只是把皇帝视为上司，好不容易受到临幸，却又是紧张又是害怕，搞得皇帝也被扫了兴，以为她是害怕被强迫。

如果我们只是把古代后宫看成职场，假设皇帝和妃嫔之间只有君臣关系，那我们会发现职场上的一个规律：一个人如果表现出怕领导的样子，往往在职场中走不远。

若是遇上一个人品有点卑劣、格局也不大的领导，很有可能你会天天被"穿小鞋"。这类领导知道你害怕丢掉这份工作，看到你唯唯诺诺的样子，就会感觉你很好欺负，"欺负你了却没任何后果"，那么，你在工作岗位上被打压、被欺负几乎是注定的事。

对于这类人,我给出的建议是:你必须随时保有说出"老子不干了"的底气和气场,否则,你很有可能会被坏人踩进污泥里。

底气,靠你自己挣,又或者要你放弃一些东西。气场,就是建立在"底气"之上,你要让别人知道"我不是非在你手下讨生活不可"。

一旦你表现出你很在乎某样东西、很怕失去它的样子,坏人一定会看得出来,并且会利用你的这种在乎和害怕,役使你、侮辱你、伤害你。

(二)

很多刚刚参加工作的年轻人,都跟安陵容一样,很容易得"怕领导"病。

怪不得年轻人中间流行一句话:最怕领导突然地"关心"。

怕权威,怕领导,在我看来不是什么大不了的问题。从另外一个角度来看,这可能是你遵守规则、尊重权威的表现。换言之,你是比较乖的那种员工,不会违规操作,不会给单位、给领导、给自己捅娄子。不信你去学校里看看那些不害怕老师的学生,他们大多很调皮甚至顽劣,叛逆心极强,时常让家长、老师感到头疼,让同学感到困扰。人不叛逆不行,但太叛逆了也不行。

对于领导,只要不是怕到精神高度紧张甚至影响工作和生活,就不算是"病"。

前段时间,我带公司两个"95后"男孩子去粤西出差,其中一个男孩子是从川蜀来的,从来没见过大海。我就把住宿地点选在了海边,圆了他看大海的心愿,就当我们是边出差边旅游了。

我买了海滩公园的门票,带他们俩进去,但那天风浪很大,偌大的沙滩不让逛,我们只能在救生员的视线范围内活动。我提出来帮两个男孩拍照,让他们放松一点，结果他们俩说"放不开，害羞"。我只好自觉地躲远了，让他们俩自由嬉戏。

现在想来，也挺理解他们的。老板和员工之间，始终会有隔阂感。也是这层隔阂感，保证了老板的权威，让老板的指令能得到执行。若是老板和员工真的打成了一片，大家平日里称兄道弟，工作时反倒容易形成职责不明、界限不清的局面。

我刚参加工作的时候，领导带着我们整个部门的人出去漂流。漂流需要两人一组，同事都怕跟领导坐一条皮筏子，就迅速找好了队友，最后就只剩下我和领导两个人单着。没办法，我只好跟领导结成一组。

那次漂流的体验，怎么说呢？我只感觉尴尬，尴尬到脚趾抠地。我那时刚参加工作，跟领导也不怎么熟，两个人根本找不到话说。聊两三句话之后，空气就突然变安静。

漂流分两段，一段比较惊险，另一段比较平缓。我们先体验了惊险的，但我漂到一半就头晕、恶心到不行，中途退出了。

没了队友，领导也没法继续往下漂，只好跟着我下了皮筏子，但我能感觉到，他也因为我的退出松了一口气。下了皮筏子以后，他也做回了自己。

多年以后，我才终于理解了他的尴尬和孤独。

每个人面对比自己位置高点的人，都会有点胆怯心理。有这种心理是正常的，不是只有你这样。只要不过度，无须刻意纠正。你要知道，你的领导在面对他的领导时也会胆怯、也会讨好，大家都一样。

（三）

前几天，有个网友这样问我："羊羊姐，向你请教一个问题，领导当着很

认知突围： 实现人生跨越的关键

多同事的面批评了我，我再见到这个领导的时候内心会不由自主地有点胆怯。这是种什么情绪我也说不清，该怎么破？求指教！"

我回答他："如果领导冤枉你了，而你心里过不去，那就去找领导沟通。如果领导批评得对，那把他建议你怎么改进的部分听进去，剩下的'左耳进，右耳出'。"很多时候，领导也只是"对事不对人"，大家说开就好了。

我知道，穷孩子是很难突破自己的穷自尊的，而一旦突破了，其人生格局会上一个层次。

这也是我用了很久的时间才悟到的事。

骨子里自卑，导致有的穷孩子总会有意无意地与上位者保持一定的距离，不敢太过亲近。比如，上学时，不敢跟老师走太近；工作后，不敢跟领导走太近。一走近了，就担心别人用灼热的眼光盯着自己的后背，怕被排挤、被孤立。可是，老师也是人，领导也是人，也有和小辈社交的需求。稍微有点忧患意识的上位者，不会觉得自己一直处于"上位"，因为事会变、人会老，他们也会有仰仗后辈的时候，因此，很多人都有伸出手来提携晚辈的需求。

他不是无端地对你做慈善，你也不必害怕自己会欠谁人情，因为如果你是一个知恩图报的人，他也是为了自己。因此，穷孩子把心态放松弛一些就好了，不必把老师、把领导当成高不可攀的神，也不必理会身边人望向你的嫉妒目光。

尊重上位者，遇事不卑不亢，用自己"让别人看得起"的品质赢得人家对你的欣赏，你也会遇上能改变你命运的"贵人"。

年轻人害怕领导、害怕权威是很正常的，几乎每个人都经历过这样的阶段。

我自己也经历了三个阶段：看山是山（看领导是权威）—看山不是山（认为领导很多时候也挺蠢）—看山还是山（对方能成为我的领导肯定是有两把刷子的）。

第 4 章 勤勉刻苦,增加执行力度

我刚参加工作时,也比较怕领导,一跟领导说话就紧张,也不怎么爱跟领导打交道。我怕跟领导一起坐电梯,怕跟领导一起吃饭,怕跟领导坐同一辆车,怕跟领导一起出差……我觉得领导身上笼罩着一种令我感到压抑、不自在的气场。说白了,我不是怕领导,而是怕这种不自在。

那时,我总觉得领导很强大,而我很弱小,领导掌握着生杀大权。即使我是孙悟空,也翻不出领导的手掌心。但现在看来,这是我心里能量太弱小的表现。初入职场的小白,普遍心理能量弱小,咱们努力克服它就行了。

随着技能增长,经验、阅历增加,我进入"看山不是山"的第二阶段。我惊奇地发现:咦?怎么领导也有这么笨的一面?怎么这种人也能当领导?

我们会发现,某些领导看问题的角度很幼稚,做出来的事让人看不过眼,说出来的话也不一定都正确……当我们发现领导也有这样一面,我们会从心里把他赶下神坛。我们虽然表现得依然顺从,但内心里对某个人、某件事充满了鄙夷。

到了第三阶段,随着我们见过的世面、积累的技能和资源增多,我们看领导时,心态日渐平和了。这时候,我们会发现:领导也只是"一个人",一个有优点也有缺点的人,只不过,他刚好被放到了领导岗位上。而我们跟领导之间,也不单纯是统治与被统治、管理与被管理、领导与被领导的关系,更多是"合作关系"。

领导给你机会、决定你是否晋升,但同时,他也依赖你的配合,需要你把他交代你的工作干好……换言之,你不是绝对弱势的一方。

即使领导骂了你,也有可能只是他内心在恐惧、在焦虑、在害怕、在不安。

当你发现,即便是威严的领导,也终将历经岁月的洗礼,从权力的巅峰逐渐退出,他们的身影或许因失误而黯淡,甚至遭受法律的制裁,最终步入宁静的退休生活,而你所在的这一代人终将走上历史的舞台,你就不会再畏

惧领导了。

你知道你和领导之间在人格地位上是平等的，你和领导是"前浪与后浪"的关系，此时，你会用一种更平等的姿态去跟领导相处。

"怕领导"这事儿，也就不复存在啦！

遭遇职场霸凌，不要忍气吞声

（一）

这两年，好多文艺作品指向校园霸凌。一个人遭遇校园霸凌，离开校园或者长大后，伤痛会逐渐治愈。毕竟，学习生涯只是人生中一个很短的阶段，离开校园后你可以有很多去向、很多选择，可以远离那些曾经霸凌你的人。

但是，职场霸凌是很难摆脱的，因为职场关乎生计。而且，职场霸凌往往表现得更隐晦，你想要找证据都无法着手，因为人家怎么解释都可以。

电视剧《我的前半生》里，罗子君刚进入凌玲他们公司就遭受了霸凌。罗子君成了凌玲的手下，入职当天晚上，凌玲以迎新为理由安排了一场鸿门宴，要给罗子君一个下马威。

凌玲的狗腿子小董不停地给罗子君强行灌酒。第一杯酒，要求罗子君为之前做过对不起凌玲的事道歉；第二杯酒，要罗子君感谢凌玲不计前嫌让她进入这个部门；第三杯酒，要求罗子君表忠心，以后凌玲让她做什么，她就要配合做什么。

第4章 勤勉刻苦，增加执行力度

凌玲敢这样，无非看准了罗子君需要养活她自己和孩子，很需要这份工作。而且，她也希望能借此立威，彰显自己的权力。

罗子君后来被从天而降的"霸道总裁"贺涵救了，而且前夫陈俊生的出现也给了凌玲比较大的道德压力。

电视剧的后续情节是：唐晶帮罗子君出气，开除了凌玲。凌玲联合小董把客户资料泄露给了竞争对手。罗子君知道真相后，各种周旋，让凌玲主动承认了这事儿，还了唐晶清白。

但是，现实生活中，一个人像罗子君一样遭受这种职场霸凌时，几乎没有任何外援。她的生命中不会出现贺涵、唐晶和前夫陈俊生。她要卧薪尝胆，才能等到春暖花开。

（二）

在职场中，为什么会发生霸凌现象呢？说白了就是一种病态心理。

有的人一旦掌握了一点点特权，就会恃强凌弱，把心中的魔鬼释放出来。

他自己是"那样的人"，就总以为别人也会"那样"对待他，所以，一旦产生这样的"被害幻想"就忍不住攻击别人，越攻击越害怕（也怕别人反击），越害怕越想置对方于死地，然后就攻击得更厉害，接着又害怕……陷入恶性循环。

一般来说，没关系、没后台、没资源的人不敢搞职场霸凌，因为他们没底气、没资本，不敢轻易树敌。恃强凌弱的，其实本身也不是很强（甚至内心虚弱，极度缺乏安全感），很有可能只是关系强、后台硬、资源强。然后，依赖这一点点"强"，他们就可以把其他同事踩在脚下，享受凌虐别人的快感。其潜台词可能是：你看吧，你能有多牛，我捏你像捏一只蚂蚁。当然，一旦他自己出事或是他的靠山出事，他的那种嚣张劲儿立马不存在了，他自己也会立马沦为弃子。

职场霸凌大多发生在大职场，而且越是利益丰厚的职场，争斗越厉害。

哪些人容易被职场霸凌呢？没后台的，能力一般的，性格软弱的，很需要那份工作的。比如，有的单亲妈妈，得不到原生家庭、前夫等的经济和心理支持，需要靠那份工作养活自己和孩子。别人就会看准这一点，对她进行猛踩和针对。

职场霸凌包括哪些呢？

比如，你的上司霸凌你，可能就会在工作上对你吹毛求疵，把屁大点事情放大成为原则性的问题。而他对待别人就是另一副标准。你写错一个字就是工作态度有问题、不把他放在眼里，就需要来来回回返工。而别人犯同样的错，但因为有后台、有关系，他可能只会说：这个字错了，你记得改过来。

又如，总是拒绝看到你为工作作的贡献，有功劳不给你，有锅让你背。或者，不让你参与重要的会议和活动，但事后又让你承担与这些会议和活动有关的工作。

再如，给你安排很多很重的工作，你怎么加班都做不完；给你安排一些无聊的、琐碎的、不具备任何成长性的工作；直接把你架空，然后上头问起责来，你一问三不知；把你工作中可能需要的信息、培训、资源等统统安排给别人，让你处于孤立无援的境地；你生病了都不让你请假或者只准很短时间的假，但对别人很宽容。

这些霸凌行为，对方怎么解释都可以。他在做这些事情的时候，就已经找到了正当的理由和说辞，把自己的霸凌行为掩饰得好好的。你很难找证据、很难去申诉……他这样做的最终目的，就是把你挤出他的队伍，好安插他的人进来。

一个人若是遭遇职场霸凌，是很难受的一件事。

如果你不小心摊上了，怎么办？

第一，斗争。

和平不是让出来的，是打出来的。

很多霸凌也不是一开始就冲着你来的，而是一开始试探，你没反击，才变本加厉的，所以，你在一开始感受到霸凌气息之后，就要引起重视，坚决予以回击。

我在网上看到一个讨论，题主问的是：如果你大学毕业刚入职，就有同事起哄，要求你请大家吃饭，你怎么回应？

如果以我现在这个年纪、现在的经济条件，我肯定会大手一挥请大家吃饭。但如果回到我刚大学毕业的时候，同事这么干，我会生气。如果同事人数多，出去吃一顿差不多的饭，可能要花去我半个月的工资，那我会觉得这些同事不怀好意，这是"霸凌前奏"。他们让我请吃饭，只是在做"服从性测试"，不管我请还是不请，最后我都没有好果子吃。既然结局都一样，那我就不请。

怎么反击这种轻微的霸凌？如果你性子直、沉不住气，揪住其中一个奋力反击，向外界传达出"我不好惹"的气场。如果你沉得住气，可以先收起锋芒，学学韩信，忍受他们的"胯下之辱"，再积蓄能量、壮大自己。等你拥有翻云覆雨的能量时，再选择宽恕还是计较，随你。

我认识的一个朋友，刚入职时总被前辈挑剔、欺负。那会儿，他每天蹬个破自行车上下班，连骑车姿势都会被前辈公开嘲笑。

每次被嘲笑，他就顺着前辈的杆子往上爬，把前辈置于高处。比如，他会回复："我就一个愣头青，还是您优雅，您今天的发型挺好看的。"事实上，那个前辈的两片瓦发型，在年轻人看来真有点油腻、滑稽。但是，前辈听到这样的夸奖，更加得意了，第二天上班干脆给头发上了摩丝，整个人显得更油腻了。

几年的时间里，这位朋友成长迅速，很快就成了那个前辈的上司。那个前辈到了他跟前，根本不敢再造次，所以，面对强势方的"微霸凌"，你完全可以换个心态：你把我当笑料，我把你当攀云梯。

千万不要等到"微霸凌"发展到"严重霸凌"时再还击，不然你的反霸凌代价会很沉重。

第二，持续发展自我，让自己随时随地具有离开的底气。

反霸凌，一方面需要技巧，另一方面也需要底气。而且，底气比技巧更重要。

底气的部分，别人没法教你，因为这是靠自己积累的。你有实力了，自然就不怕失去。不怕失去，也就无惧别人的霸凌。

底气不足的时候，面对强势方的霸凌，我们很有可能得忍气吞声，但你要明白：对方这是在霸凌你，你坚决不要买账。一个会霸凌别人的人，素质高不到哪儿去，也走不长远的。你的眼睛，要尽量盯着自己能从强势方得到的利益，并且不忘初心，壮大自己。

有的人之所以打压你、霸凌你，可能是因为嫉妒你，你的优秀让他感到恐惧，那你千万不要因为"风摧"，就不敢"秀于林"。报复这类人最好的方式，就是让对方的恐惧成为现实。

乞丐不会嫉妒皇帝，人只会看不惯那些和自己旗鼓相当的人，而当你跑得足够远、爬得足够高，他连嫉妒你的资格都失去了。

还有，任何供职单位都不是"铁饭碗"，自己身上长的本事才是。鸟停在树上，不是相信那棵树不会倒，而是相信自己有翅膀会飞。有了这种能力，连电线它们都敢停。

能力与安全感是成正比的。我觉得人身上如果能长出"此处不留爷，自有留爷处"的本事，能摆脱对外界的依赖，内心就更容易达到一种自由而富足的状态，也就不会再惧怕任何人的霸凌。

第5章

丈量自己，把握人生尺度

认知突围：实现人生跨越的关键

太过离经叛道的人生，不一定值得神往

（一）

网上有个热帖，讲的是一个女教师去乡下支教，看到有的男生宛如现代版的侠客，考前能去沙漠骑摩托，考完试后就踏上了前往拉萨的浪漫之旅，每到一处，便与四方来客共饮畅谈……最后，女教师得出的结论是：人生不是只有一种活法。

作为一个从农村里硬爬出来的人，我想针对这个问题谈点我的看法。

这样的男生，在我成长之路上，见过太多，有比我大几届的，有和我同届的，还有比我小的。学生时代，他们读不进去书，蔑视权威、离经叛道，惊起尖叫无数，一副"爱谁谁"的样子，看起来很酷。

但是，他们当中绝大多数人，最后却走向了一条自我放逐和毁灭的路。而且，对周围人杀伤力巨大。

我亲舅舅，上学时玩吉他、追小虎队，经常逃课去徒步，从来不把世俗的功利性标准放在眼里……后来呢？他因为抢劫又遇上"严打"，入狱四年半，出狱后娶了我舅妈，然后，他发现自己承担不了生活的重担，开始酗酒、赌博，走上了打老婆、打小孩、打父母的家暴之路，最终众叛亲离，45岁暴尸街头。

第5章 丈量自己，把握人生尺度

我同学的哥哥，曾经是我们小学里最靓的仔，跳霹雳舞、芭蕾舞一绝。别的男孩子会因为穿紧身芭蕾裤而羞涩，而他却毫不在意。上小学时，他就抽烟，就敢追求刚毕业来学校教美术的女老师，一时被奉为传奇。

后来呢？他没考上初中，出去打工。有点钱他就拿去乱逛，我们还不知道火车长啥样的时候，他就已经去过北京、上海。随后，因为学历低，他只能选择对文化程度要求不高的工作，以汗水换取生计。回归家庭后，他渐渐沉迷赌博，性格也悄然改变，成了众人眼中的赌徒与家暴者，更兼带着好吃懒做的恶习，让原本就不易的生活更加雪上加霜。

我一个远房表弟，上学时候看起来也跟热帖中所讲的男生一样。那时候，他长得帅，又爱干净、会打扮（实际上花的都是农民父母从牙缝里省出来的钱），打篮球、玩游戏机都很溜，吸引了一批女孩子的注意。上学时候，他经常逃课，高考后落榜，填志愿时第一志愿填的就是清华。他很能喝酒，靠喝酒交到一帮同样爱喝酒的朋友，说要跟这伙人一起做生意，骗了一些钱出去考察，最远到了乌兰巴托，回来说自己是全村第一个出国的人。后来，生意没做起来，钱却花光了。

后来呢？他娶了个很能干但出身孤儿家庭的老婆。婚后几年他什么都不做，低端的活儿看不起，高端的活儿干不了。现在，还要靠六十几岁的父母打工赚钱养着他，他老婆忍受不了，便与这个长期好吃懒做的丈夫离了婚，他儿子因为从小没得到过太多父亲的关爱，对他怨念颇深。

这类男生，我真是见太多了。到了中年，他们大多好手好脚，但宁肯在家里啃父母、啃老婆，也不肯出去工作，"本事小但在家里脾气大"，还活得像个人的很少。

我想了想，如果哪天我真的"活"不下去了，但我身体健康的话，我还是能俯得下身子去做"吉祥三保"（保安、保洁、保姆），并且奋力成为"三保"中的佼佼者。他们之所以不愿意去干这些工作，据说是怕周围人的眼光，

认知突围：实现人生跨越的关键

怕被哥们儿看不起。

如果这种说辞为真，那我觉得这还是智商问题。你那么在乎八竿子打不着的周围人、哥们儿的眼光，就不在乎能养活整个家庭的你老婆的眼光？活在这个世界上，你到底应该讨好谁、在乎谁的感受，你还不明白？

年轻时候不好好学习，到社会上没有练就一门技艺，又不肯承担家庭责任，这种好吃懒做的人，不说人品了，绝大多数智商就不过关。

（二）

我还见过这样一个"坏男生"：上初中时，他从来不好好学习，拿父母给的饭钱去打游戏。考试时遇到不会做的题目，直接在试卷上画叉。他的父母也不怎么管他，只要听他说"去同学家里了"，就不再过问他是否回家过夜。

那个初中的校长从来没有教过我，但听闻我学习成绩不错，帮过我一些。比如，帮我跟红十字会申请家庭困难补助。他真的是一个非常负责任、把学校当家的校长。学校里只要申请到一点经费，他恨不能就全部花在学生身上。他经常拿自己的工资去资助学校里的贫困学生。他也努力地教育差生，希望他们能意识到读书的重要性，然后把心放到学习上。

在学生和家长中间，他非常受爱戴，但是，不到50岁的他就因为脑溢血去世了。他去世前几小时，去了学校巡查晚自习，发现有几个男生不在座位上，其中就包括那个"坏男生"。他一问，才知道他们几个跑去湖边游泳了。

他急得跳脚，很担心这几个男生的安全——毕竟，那时候湖边黑灯瞎火的（没路灯），而且他不知道这几个男生到底会不会游泳。大半夜的，他一个人打着手电筒、骑上摩托车去湖边找他们。可是，找了几小时，湖边连个影儿都没有。

回到学校，已经是晚上10点多。后来，他问周边小卖部的人才得知，那几个男生原本是要去湖边游泳，但路过学校外面的游戏厅，就临时改了主意，打游戏去了。他跑到游戏厅，把这几个男生都揪了出来，送回宿舍。

自己回到家，都已经是12点了，他觉得有点累，就打了一盆水泡脚。这一泡，就歪倒在床上，再也没醒过来。家人把他送去医院，但人已经救不回来了。

他去世的消息传开，全校师生和家长心痛不已，去他们家吊唁的人络绎不绝。他下葬那天，收到的花圈从家门口一直摆到了大街上。

很多农民自己家里没多少钱，但还是凑出钱来买花圈，以表达对他去世的哀痛。

有的人比较嘴碎，就跟那个"坏男生"说："要不是因为你们，他可能也不会去世。"

当然了，严谨一点说，"校长找了他们大半夜"跟"校长突发脑溢血去世"之间并没有很强的因果联系，那个人这么说话是不对的。但是，令人气愤的是那个"坏男生"的反应。

一起出去打游戏的其他几个男生都因为校长去世而感到内疚，唯独这个"坏男生"，理直气壮地怼了回去："是他自己愿意去找的！我逼他了吗？他活该！"

这话一出，就真的惹众怒了。他们班的同学都开始孤立他，后来他干脆退学了——反正实在读不进去书。

校长作古很多年后，我打听了下他的近况：因参与黑社会犯罪，在扫黑除恶斗争中被抓了。

那帮跟他一起去打游戏的男生中，只有一个是比较成器的。

受校长的感化，他改邪归正，努力学习，最后考上了中专。毕业后，他好歹做着一份普通的工作，娶了老婆养了娃，努力养活着一个家。

认知突围：实现人生跨越的关键

（三）

我觉得有的女教师之所以会讴歌男生那种"侠客精神"，是因为她并没有长久地待在农村，没有看到这些故事的后续。

她可能只是厌恶城市里人人都在追求"豪宅、豪车、高收入"的功利性竞争，进而想象出来了一幅关于农村侠客的浪漫图景，并将自己对生活的某种向往投射到了他们身上。

可是，这种想象是不符合现实的。

我就问一个简单的问题：这些"侠客"走天涯的背后，钱从何来？是谁在为他们的"侠客行"买单？他们的任性背后，又有多少父母、妻子、儿女的血泪？

这些所谓的"侠客"，搞不好就是社会最大的不稳定因素，轻则祸害家庭，重则危害社会。

我们都恨透了"内卷"的人生，恨透了人与人之间为财产的多寡比拼个没完没了，恨透了这个世界关于"见世面"的单一的衡量标准，但是，男学生的这种任性真不值得美化和讴歌。

衡量你对另外一种生活是否向往的唯一标准是：让你们身份互换，你是否愿意？

你在城市里生活，拿着白领的工资，过着朝九晚五的生活，然后你去问一个生活在贫困地区的农民：你愿意和我互换人生吗？

对方一定会举双手双脚同意，而你就未必了。

人活在这个世界上，从出生就能感知到生活的质量。

所不同的是，有人尝试着背负起这份重量，并且在成长过程中，一点点将其变轻。比如，他们早就知道自己能获得这个求学机会非常不容易，抓住一切机会努力学习、成长，继而改变自己和家人的命运，或者，至少承担了属于自己的那部分责任。

有的人则选择逃避这种重量，然后把他该承担的那一份，撂挑子给别人。比如，年轻时候不学习、不赚钱、不攒钱，天天想着要出去"见世面"，视世俗标准（如赚钱）为粪土，老了让身边所有人为他的任性买单。

我是无论如何都没法跟后者共情的。

我的成长经历，也决定了我始终没法为包裹在文艺外壳下的、这样的故事感到浪漫。

安分守己的人生，很值得鄙视吗？

离经叛道的人生，有那么值得神往吗？

为什么在这种事情上，还要生出一条鄙视链？

世界是由离经叛道的人"引领"的，但却是由安分守己的大多数"创造"的。

离经叛道的人，一类对社会有极强的建设力，另一类对社会有极强的破坏力。

比尔·盖茨退学，创造了微软；韩寒退学，靠写作突出重围。但是，这些人都是凤毛麟角。

绝大多数中途退学的人，最后混成了"街溜子"，只能靠嫖娼、赌博、吸毒、家暴等低级发泄来解决内心的冲突。

日本热播电视剧《女王的教室》中，有这样一段对话。

学生问女教师："既然你说读书成绩好，以后进入多好的公司、赚多少钱一点意义都没有，那我们为什么还要读书？"

女教师回答："读书不是非做不可的事，而是想要做的事，今后你会碰到很多你不知道的、不能理解的事，也会碰到很多你觉得很美好很开心的或很不可思议的事，这个时候，作为一个人，自然地想了解更多，学习更多。失去好奇心和求知欲的人不能成为一个完整意义上的人。连自己生存的这个世界都不想了解还能做什么呢？不论如何学习，只要人活着就有很多不懂的东西。这个世界上有很多大人好像什么都懂的样子，那都是骗人的。如果有'活到老学到老'的想法，就有无限的可能，失去好奇心的那一瞬间，人就"死"了。你们读书不是为了考试，而是为了成为出色的大人。"

我觉得女教师的话说得很有道理。

该上学时好好读书，该工作时好好工作，结婚后好好对待伴侣和子女……安于自己的本分，约束自己、守住自己，有什么不对？！

聪明人、能逆袭的人在人群中占的比例很小，这是常识。

社会稳定，靠的就是安分守己的人，靠的就是每一个肯对自我和家庭负责的人。对普通人来说，选择一条主流的生活道路，就是对自己利益最大化的选择。

尽量从正面和善意的角度去解读世事

（一）

刚参加工作的时候，我遇到过这样一件事情：

周末，我正带着孩子看电影，突然接到领导一通电话，让我把某个稿子里的几个字改好，然后发给他。

我当时气坏了，心想："就那么几个字，你不能改吗？非得叫我改？再者，周一上班再改也来得及啊，你非得让我现在改了交给你？"

电影很好看，我不想中途离开，最后我想了一个办法：挨个给朋友打电话，问他们是否在电脑前。刚好有个朋友在，我让她改好了，帮我发给了领导。

周一上班后，我得到通知：我改的那篇稿子并没有被采用。

我当时确实有点生气，觉得自己的休息时间和劳动成果都没有得到领导的尊重。可是，后来我才知道，领导当天也是接到了他上司的一连串紧急电话催促，当时他就在医院看护病人，根本没有条件改稿。所有的下属之中，他只能找我。而稿子没有被采用的原因，则比较复杂，并不是他有意要为难我。

也是这件事情让我意识到，工作当中我们遇到的很多问题，不一定是别人的能力问题或是心地问题，而是"信息不对称"的问题。

在确认一个人对自己没有太大威胁的前提下，如果我们能从善意的角度去解读别人的言行，我们内心会舒服很多。这不是便宜别人，而是宽慰了自己。

从善意角度解释某件糟心的事，我们内心深处才不会累积过多的负能量。

刚离婚那阶段，每次前夫答应了小孩的事情没有做到，我就心生怨气，心想：前段婚姻里，你欺我瞒我骗我也就罢了，现在还来骗小孩。当初我生孩子，你都可以不在，现在面对小孩这点小期待，你自然也不会当它是一回事。自私的人，果然永远自私。

一想到这一层，我就对他没好气。对方感受到了这种怨气，自然也就懒得再解释，使我在心里再一次确认了他的自私形象。

现在想来，前夫没有践行诺言，在他的价值排序中把小孩的利益排在靠后的位置，当然有他的问题，但我也有我的问题，在我内心深处住着一个"受伤的小孩"，我试图用对抗他人的方式去保护"她"。

可这种"受伤感"，并不是现实的感觉，更多是来源于"我的想象"。

认知突围：实现人生跨越的关键

一件事情，她爸做不到，很有可能是生病了，抑或是有紧急任务要出差。

现在，我早就没了这种"受伤感"。如果前夫答应小孩的事情不是那么重要，那么，即使他暂时没做到，也没什么关系，我带着小孩该吃吃、该喝喝、该玩玩。小孩的注意力很容易被好玩的东西吸引，她爸"说话不算话"对她的影响也就减轻了。她爸事前能做出解释，事后能做出补偿，就算做得挺到位的了。

（二）

有一次，我跟一个好朋友闹了点别扭。她把别人评价我不好的言论转给我看，惹得我有点生气，因为在我的概念里，一个人会转述这些给我，说明她对这些评价是有点认可的。

她的表现，让我觉得她没有真正把我当朋友看待，而是跟那个吐槽我的人站到一起去了。我有点吃醋，也有点失望。如果有人敢在我面前这么评价她，那我一定会替她怼回去，可她为什么不呢？这种怨气积攒在心里，我回复她的语气也不怎么客气。再一细想平时她也会说一些让我感觉不大爽的话，我更是觉得胸口堵，心想：怕不是要友尽了吧？

一想到这一层，我越发难受。再后来，我转念一想：我们都这么多年的朋友了，我干吗还要怀疑人家？她转述那些话给我的时候，其实并没有恶意。

气了一会儿，我主动给她发微信："还在生气啊？你快点跟我和好。我们多少年的朋友了，哪能说断就断？"

我们冰释前嫌，这个小事也就成了无足轻重的小插曲。

还有一次，我带着娃和另一个闺密一起去帕劳旅游。两个人一路上玩得挺嗨的，但是回到澳门那天闹不愉快了。

当天我们的飞机到达澳门机场时已经是晚上12点多,两大一小都已精疲力尽、情绪不佳。

过境澳门时,"澳门居民"窗口人很少,而"其他地区居民"窗口排队的人很多,我看闺密被"澳门居民"窗口的工作人员叫过去办过境手续,就带着孩子从"其他地区居民"窗口的队伍里移了过去,排在了她后面。

我心想,既然闺密可以在这个窗口办过境,那我带着孩子也可以。

岂料,闺密办妥手续过了闸口以后,工作人员却把我拒了,他指着头顶的牌子跟我说:"你不识字吗?没见这里是本地人窗口吗?"

我指着闺密说:"那她也不是本地人啊,你也给她办了。"

工作人员还是不给我办,我秉持着"带着孩子出门,尽量忍气吞声不撒泼"的原则,又拖着孩子排到了"其他地区居民"窗口队伍的最后面。

我是那拨下飞机的人中最后一个办妥过境手续的。办妥手续出来以后,闺密说:"你知道他为什么不给你办吗?因为他认为你是在插队。"

我说:"我没有插队,我只是从一条队伍挪到了另一条队伍这边来。"

闺密说:"可在他看来你就是在插队啊,而且是带着孩子插。我觉得我们平时在国内、境内不讲究一点是可以的,但出国、出境时还是要注意一下,努力维护下大陆人的形象,别让人看不起。"

我本来就被那位工作人员的误会和区别对待搞得一肚子气,加之女儿当时也有点疲惫,一路哭闹,又听到闺密这么说,心里就更气,直接回敬了她一句:"行!全世界就你素质最高,好了吧?"

从机场打车到酒店,我们一路上谁都没搭理谁。到达酒店时,已经凌晨1点多。我们当时定的是一间大标间,我和孩子睡靠窗的床,闺密睡另一张床。我给孩子洗完后先把她哄睡了,闺密洗漱完毕后也躺到了床上。

我对不和谐人际关系和氛围的耐受度非常低,躺在床上翻来覆去睡不着,闺密则悄无声息。

我越想越气：我跟你闹别扭以后睡不着，你倒好，压根儿不当回事。

又过了一会儿，我想到我们从十四岁认识，一路走到现在，都已经是差不多二十年的交情了。当年我要做甲状腺手术，手术切片结果出来之前压根儿不知道是良性还是恶性。我打电话给她说这事儿，她一听就急哭了，怕我真有什么事。她失恋时、我离婚时，我们可都是耐心地听彼此在电话里哭诉。难道我们还能为这点破事把多年的友谊葬送了？明天我们回珠海后，她就要坐飞机回昆明，而我则带着孩子回广州。今晚若是不把这事儿说开，一方面我会睡不着，另一方面明天也怕时间不够我们冰释前嫌。不行！她要是睡着了，我就把她揪起来把事儿说开，不说开就不让她睡觉。

我转过头，试探性地叫了她一声："喂，你睡着了吗？"

她沉默了两秒，回答："没有。"

我说："你表现得可真沉静啊。我还以为你睡得着。"

她说："你以为都跟你似的，恨不能让全世界都知道你睡不着啊？"

接着，我跟她解释了过境时我为什么排在她后面、为什么听到她那么说以后很生气。

她则解释说，她在机场那样说话也不是在说我没素质，只是觉得那里本就不是外地居民过境的通道。如果工作人员没有召唤，就不要随意过去。这样，也就避免难堪了。

说开了，大家互道"晚安"睡觉。次日醒来，我俩像是什么也没发生过一般，嘻嘻哈哈一起过了拱北口岸，然后依依告别。

我这两次跟闺密冰释前嫌，一方面是因为我们过去那么多年过硬的交情，这种友谊不能轻易放弃；另一方面是因为我们后来都学会了从善意的角度去理解对方的言行。

（三）

在善意解读他人言行方面，我妈给我做了一个反例。

有时候，我们不小心把垃圾掉地上了，没发现或没及时清理，我妈就认定这是我们在故意折磨她。接着，她又由此联想到给我们做好早餐但我们不爱吃等事宜，更加觉得我们居心叵测，而她满心委屈。

我带她出去旅游，一开始住的是酒店的家庭套房，那个房间抽水马桶的声音有点大，我晚上上厕所怕吵到她，小解后就暂时不冲厕所，但她第二天早上起床看到这个状况，就会说我懒惰，这么点小事都要留给她做。如果我按了抽水马桶的键，导致马桶哗啦啦一阵水声吵到她，她又会说我不照顾她的感受。

反正，不管怎么做，我都是个恶人。

她这样想、这样说，不仅自己难受，还把家庭氛围搞得很差。

绝大多数人，若是对一件事情感到狐疑，首先应该做的是去了解情况，努力沟通，而不是坐在原地，用最大的恶意去揣度别人或是觉得自己被恶意针对了。

疫情期间，有些地区的快递网点大面积停摆。很多做电商的商家屡次三番通知购物者这个情况，但不可能通知得面面俱到。有的人一遇到商家迟迟没发货的情况，就认为自己是被商家"恶意针对"了，一上线就辱骂客服，问商家是不是骗子。

可是，为什么你会觉得商家就是在恶意针对你呢？商家有什么"恶意针对你一个人"的动机和必要？任何人做一件事情，应该都有所图吧？那商家这么做，图的什么？是因为你在商家那里下单了，商家要这样报复你？很多商家在发货之前，并不知道物流会停摆。

我们都听过"疑邻盗斧"的故事。有一个人，他的斧子不见了，就怀疑是邻居偷的。他越看邻居越像贼；后来斧子找到了，他看邻居就不像贼了。

邻居还是那个邻居，但是，在他的脑子里已经完成了"邻居"—"小偷"—"邻居"的角色演变。在他怀疑邻居是贼的阶段，他的内心必定是不安的。

当然，从善意角度解释别人的言行，是要基于对那个人的人品有基本的了解，而不是掩耳盗铃、自欺欺人。

在生活中，家人、朋友、领导、同事、同学是怎样的人，我们大体心里有数。我们长期和他们相处，大概了解他们的为人。

基于这点了解，你再善意解读他们的言行，那么，在日常处理人际关系的过程中，你会轻松很多、敞亮很多。

相反，如果一直从恶意角度去揣摩对方的言行，你会越来越不安，内心会越变越阴暗，你和对方的关系也会越来越差。

（四）

很早以前，我组织的草根助学活动捐助过一个男孩子，我们姑且称呼他为小斌吧。

从他上小学开始，我们一直捐助到他上中学，坚持了好些年。

按照活动的规定，款项汇出去以后，我会在捐助者关注的社群里公示汇款的凭证，供所有参与活动的人监督。所有的汇款凭证公示出来前，我会把受资助人的姓名、账号信息等隐私信息做马赛克处理。

这些是活动的规则之一，主要用来约束捐助者、被捐助者、汇款者、贫困生推荐人。换言之，你同意这个规则，就加入这个活动；不同意，就不要加入。也许是因为推荐人在沟通过程中忘记了沟通这一环节，导致小斌对这个附加条件不知情。

小斌的同学某天进到这个社群，偶然发现了我们打过码的这张汇款凭证，小斌的同学之前也听小斌说过有接受外部资助的情况，就猜测这个汇款凭证的收款人是小斌。这位同学就把这张图发给了小斌，问收款人是不是他。

在正常人眼里，这就是一件很小的事情，大家的出发点也不是恶意。小斌的同学是偶然发现了这张打过码的汇款凭证，也只是觉得好奇，就随手发给他问询。

可是，在小斌看来，这是全世界都想羞辱他的例证。他马上给我发来一条短信，第一句话就是："我限你十分钟内删除这张照片，你侵犯了我的隐私权！你别以为有两个臭钱，就可以随便侮辱我的人格！你不马上删除的话，我们法院见！"

那时候，小斌上初二。收到这条短信，我的心不是凉，而是化为了寒冰。那是我们捐助他多年来，他跟我的唯一一次联系，不是感谢，而是质问和威胁。

为什么他会觉得，我们在网上公示一个打过码的汇款凭证，就是对他的侮辱？为什么他不肯提前问一问我们这么做的原因，而是直接认定我们对他有浓浓的恶意？我们拿出自己的时间、精力和金钱捐助他那么多年，就是为了对他进行人格侮辱？

我没回复他的短信，只是把那张照片删除了，再按承诺给他汇了最后一个学期的资助款，就把他所有联系方式都"拉黑"了。

我理解穷孩子的自尊，但我无法理解他为什么要先入为主地认定一个曾经帮助他的人对他充满恶意，甚至因为一点无心之失，要跟你"法庭见"。

这是十年前发生的事情了，小斌现在可能已经参加工作。我不知道他在哪里，他在做什么，但每每想起此事，还是会为他感到遗憾。

如果一个人在觉得"世界怎么没有围着我转"的那一瞬间，内心深处就迸发出对他人的巨大恶意，就要在未搞清楚事实状况的前提下，把别人当成假想敌攻击、指责……那么，对不起，我不会觉得这种人的人生路会越走越宽。

把对抗性思维运用到方方面面的人，很容易树敌。

他们的"被害幻想"过于严重，又缺乏换位思考能力，一旦认为自己站在了"被害者位置"或是"道德制高点"上，就启动防御和攻击机制，让事情滑向不可控的深渊。

对他们来说，只有自己的利益比天大。如果自己的利益受损，那一定是"全天下的人都想害朕"，接着，对抗性情绪占了上风，让一件原本可以合作共赢的事情最终走向对立和撕裂，而自己落不着任何的好。

比如，餐厅服务员端茶倒水或上菜速度慢了点，他们立马认定服务员是"针对自己"，开始口出恶言……服务员一生气，在上菜过程中往菜品里吐口水。

又如，丈夫加班回家晚了，她就认定丈夫一定是在外头鬼混，在家里一哭二闹三上吊……后来，丈夫果然出轨了。

再如，孩子在学校跟同学打闹摔伤了，他就认定是老师没有尽到看护责任，跑去学校投诉老师，从此老师对他家孩子退避三舍。

复如，在商家那里买了东西，不满意想退货，但上来就质问"你们是不是骗子"，那对不起，商家本来可以心情愉悦地退货，现在真想卡你了。

（五）

人一定要有"正念"，不是让你忍气吞声、便利别人，而是因为你有正念，受益者是你自己。凡事把人往坏里想，你自己心情很差，沟通态度就很差，最后事情就往差的方向发展。带着正念，带着"解决问题"的目的去沟通，最终你得到的也是一个有利于你的结果。

正念，是心理学和佛学中的一个概念。它说的是有目的、有意识地关注、觉察当下的一切，而对当下的一切又都不作任何判断、任何分析、任何反应，只是单纯地觉察它、注意它。

也就是说，一件事情发生了，你就只是看到这个事情本身，而不是动用自己的心理创伤、偏见去给它定性。

比如，周末，你正在看电影，领导给你打电话，要求你给文稿改几个字，你接到电话，想办法改完，发过去，完事儿了。你的内心无波澜，接下来继续享受看电影的乐趣。

又如，斧头丢了，就去找斧头，有监控就查监控，无监控就问证人、找证据，再不济买把新的，不胡乱怀疑他人。

这一点很难做到，但如果修炼成功了，它会滋养你的心灵，让你的人生更简洁高效。

量子力学里讲，一个有质量的物体，会使它周围的时空发生弯曲。就像你把一个铁球放进沙堆里，球周边的沙堆会被挤压成不同形态，因为它产生了不同的密度梯级。

如果这个铁球足够大，就会让它周围的时空形成曲面，这个时空中的其他物体会沿着曲面运动，产生向这个物体运动的倾向，这就是引力。

比如，月亮绕着地球转，地球绕着太阳转，就是引力的作用。

又如，《三体》里的光速飞船，速度快到一定程度后，就可以顺着某个空间的曲面飞出去，摆脱原空间的引力。

这种引力，看不见也摸不着，但确实存在，而且以人类的认知水平，只能认识到这一步了，还有可能认识到的只是局部，或根本就是错的。

我突然觉得，量子力学的这些理论，其实也可以指导我们的人生。

人作为一个承载意识的肉体，也会散发出某种"气场""磁场""牵引力"，吸引不同的人来到身边，同时在排斥着与自己不同频的人，接着再跟这些人产生交汇和链接，这些交汇和链接慢慢就形成了你的命运轨迹。

一个人也会对他人形成引力，我们把这种引力叫作"气场""磁场"。佛家把这种"牵引力"叫作"业力"，并且鼓励人们行善积德。我觉得这其实就是在改造或完善一个人的"气场""磁场""牵引力"，让它往好的方向去走。

说好话、做好事，你周围的"场"会产生好的弯曲，会吸引好东西往你的方向移动；反之，好东西就会慢慢远离你。

我不信佛，但我觉得佛家讲的很多东西，对于我们普通人的人生很有指导意义。

佛家有个词叫作"八正道"，说的是达到最高理想境地（涅槃）有八种方法。

第一，正见。

我自己的理解是，看待世事要实事求是。世界上很多事情是"乱花渐欲迷人眼"，有太多东西有矫饰的成分……你需要做的，就是实事求是，不用自己的偏见、幻想、期待去美化或丑化它，尽量让你所见到的东西呈现出它本来的样子。

这是最重要的一步……你必须洗干净"杂染心"，才能洗干净眼睛。

为了达成这一步，佛教甚至不忌讳其他的宗教，讲究"万法平等""法无定法""万法归一"。只要你能完成"正见"，手段、方法和途径都不重要。

这一步，好多人都做不到（我也不行）。

第二，正思。

根据"正见"观察到的"真实"调整自己的想法、欲望、认知、志向。

这个阶段是最容易产生"神棍"的，因为绝大多数人连"正见"也做不到，然后就在"歪见""邪见""偏见"的基础上去追求其他，结果，只会堕入魔道。

第三，正语。

正语就是别造口业……我们日常讲的沟通，修炼的就是这种智慧。

第四，正业。

正业就是不作恶。

第五，正命。

正命就是不损害他人的谋生方式，来维持自己的生命。

第六，正勤。

正勤说白了就是不断检查前五项做到了没有，然后查漏补缺，让自己每日都有所精进。

第七，正念。

正念是各类仁波切说得最多的一个词。人的一生中会产生无数个念头，一念一世界，一念一菩提……你需要时时刻刻像照镜子正衣冠一样，觉察到自己心里的那些念头，并让它们变"正"。

前面我们说的都是从自我的角度出发去看世界，而到这一步是从佛的角度出发去看自己。

第八，正定。

正定是最高境界，也是最难实现的。它讲的是一种心境。如果说你之前的心境还有善恶、正邪、苦甜、因果之分，到这一步已经完全没有了。你看整个世界都可以波澜不惊，通往涅槃的大门已经在你面前打开。

前面七个阶段都是动词，最后一个"正定"既是动词，也是形容词，还是名词。

谁都想达到"定"的阶段，或者，哪怕只是"偶尔定""某个领域定"，你就能在那个阶段、那个领域有所成就。为什么？因为达到"定"的状态后，你的人生内耗最小、人生效率最高。但普通人很难达到这个层级，我们在日常言行中尽量向它靠近，人生就会过得轻松一些了。

认知突围：实现人生跨越的关键

避免成为"爹味"青年

（一）

某天，等地铁的间隙，我坐在等候椅上刷手机。那天我穿的是裙子，也穿了防走光裤，我张腿弧度有两三指，自认为自己的坐姿没有任何问题。

突然，一个大妈坐我身边。我不习惯离陌生人太近，就挪了一下屁股，离她远了一点。大妈坐定后，讲了一通粤语。我其实是听得懂粤语的，但还是跟她说了一句："听不懂，讲普通话吧。"

大妈说："女人出门穿裙子，腿不要张太开，要并拢，不然，底裤都要被看到了！"

语气很愤怒的样子，并不平和。

说着，还伸手过来推了推我的膝盖，示意我把膝盖并拢。

可是，我最烦陌生人在非紧急、非必要的情况下碰我了，当下我就产生了一种被冒犯的感觉。

我穿我的短裙、防走光裤，张腿弧度也在正常范围内，该反省的不应该是眼睛乱看的人吗？正常人谁会一直盯着人家底裤看？真把自个儿当"道德警察"啊？

我把腿张更开了，喉咙里憋了一句话："关你什么事啊？！"很快，我觉得没必要跟大妈置这种气，于是便跷起了二郎腿，说了句"谢谢提醒哦！"

刚好地铁来了，我就上车了。大妈一定觉得自己做了一件功德无量的事情。只是，对陌生人都这样，家庭关系不知如何呢？

我把这件事情分享到了网上，有人说我"不识好人心"，说大妈也只是

176

"善意提醒"，质问我为什么要生气。你看，我并没有采取跟大妈对抗的行动，甚至还跟她说了"谢谢提醒"，但是，这些人认为我连生气的资格都没有。

可是，每个人可接受的肢体接触程度是不一样的。我确实不大喜欢陌生人在非必要的情况下碰触我，尤其是不带亲近、善意地碰触。如果我被自己不喜欢的男人无意间碰触到皮肤，浑身都会感到别扭，甚至被他碰到的那块皮肤上的汗毛都在抗拒。不熟悉的女性无意间碰到我，也会让我感到难受。

对小孩，我的接受度高一些，可以跟他们牵手、搂抱，但别人家的小孩若是跑来亲我脸颊，我还是会感到万般的不自在，绝不可能像对自家小孩一样亲近。看两个相处得比较好的女性蜻蜓点水似的亲吻对方的唇，我也会浑身起鸡皮疙瘩。

一般而言，1.2米是人与人之间的安全距离。除非是特别信任、熟悉或者亲近的人，否则无论是说话还是其他的交往，逾越了这个距离，都会让人产生不安全的感觉。

人和人之间不仅存在安全距离，可能也存在亲密距离。这个亲密距离，是由亲密值而定的。有的人在和别人不是很亲密的情况下，也能接受比较近的亲密距离，而有的人要跟别人非常亲密，才允许别人靠近自己。

我特别讨厌"越界"的人。"善意提醒"和"越界"，差别还是挺大的。善意提醒，不会让你感到不舒服，你能感受到"对方是真心为你好"。比如，电影《小时代》里有个讲述顾里、林萧、唐宛如和南湘如何相识的镜头，南湘来月经了，裤子脏了，但自己不知道，顾里率先发现，林萧果断脱下衣服，系到南湘腰上。

这个细节，就很温柔。

而"越界"，一定带着某种压迫感。你能隐隐感觉到，对方不是"真为了你好"，只是想展示自己在某方面（如道德上、智商上、经济上）的优越感。你会莫名其妙从中嗅到一些被胁迫、被控制的危险气息。

那个地铁大妈，让我感到不舒服的不是"提醒"，而是"提醒方式"，是她的语气、行为。

"好意"，绝不是"越界"的理由。有些老年人就是因为"被容忍惯了"，才越来越"越界"。

我自己是年纪大了变怂了，怕把老人气出个好歹来，不愿生出不愉快，但如果别人不愿意忍，我是赞同他们怼回去的。

这年头，"越界"的老人还少吗？在家里，他们这样也就罢了。在公共场合，他们也不知收敛，讨嫌而不自知。

年轻女孩子玩cosplay，把头发染得花花绿绿地上街，保守大妈看到了，就说女孩子们"一副鸡样"。地铁里，一个男孩子坐在座位上习惯性抖腿，就被对面的老头骂"没教养"。一个男孩子打了耳洞，在公交车上被边上的老头骂"男不男，女不女"。

总之，只要是他看不惯的，他都可以拎出"我也是为了你好""我这是好意""我这是为民除害"的借口，对年轻人指手画脚，甚至挖苦讥讽。

对不起，那我真不觉得这类老人好意，也不觉得他们有教养。真正有教养的老人，若想指点别人，就会讲究方式方法，也会把话说得让人听着不刺耳。

（二）

我估计所有年轻人听到"我是为你好"这话，都会有头皮发麻的感觉，因为我们被这句话压制很久了。只要一个人打着"为你好"的名义，跟你说一些你完全不爱听甚至伤害你的话，你也只能受着。若你敢反抗，就是你不识好歹、"不识好人心"。

第 5 章　丈量自己，把握人生尺度

早些年，我在论坛认识的一个姐姐，就常常把"我是为你好"挂在嘴边。每次聚会，她都摩挲着我的背，一脸怜爱地看着我，还给我夹菜，但她每次跟我说话的口吻，几乎是这样的：

"羊啊，你从现在开始要赶紧做简历了，你说你又没本事考上哈佛、剑桥，现在要毕业了都不好好做简历，哪家企业能要你？"

可是，大姐，你怎么知道我没有认真做简历？我高考成绩再差也能当个文科状元，而你呢？你不也没本事考上哈佛、剑桥吗？而且哪家企业要不要我，也不是你说了算啊。

"羊，你穿这件衣服太显胖了，下次换一件吧。某商场的衣服还不错，可以去那儿买两件。一个女孩子，始终得有几件穿得出手的衣服，别再买地摊货了。"

可是，大姐，我那时候还是个需要国家助学贷款才能完成学业的穷学生，一个月的生活费就 250 元，去商场买一件衣服都要上百元，这钱我真舍不得花，我就乐意穿地摊货，因为那就是我利益最大化的选择。而且，你自己也没穿得多好看。

"你说话的声音好嗲啊，跟林志玲似的，这样给人的感觉很幼稚。我觉得你需要刻意练习一下自己的发音，让自己的声音听起来成熟一点，不然你参加工作了，会很吃亏的。"

可是，大姐，声音条件是天生的，你听了感觉很幼稚，那是你自己的问题。我将来会不会因为声音吃亏，也不是你该操心的范畴。

反正每次见面，她总能找出一大堆我的毛病，然后当着我的面说出来。也许，她是真关心我；也许，是为了不冷场，拉近与我的感情。

我一开始还忍，想着人家是师姐级的人物，而且说这些话确实是"为了我好"，后来实在忍不住开怼了。我说："你还是管好你自己吧。"

结果，她崩溃了，我们就此友尽。据说她还为此哭了一场，为她自己对我的拳拳之心感到不值，到处跟人说我"不识好歹"。

她在言辞间打压我那么多回，从不觉得自己有什么问题，我只说了一句"你还是管好你自己吧"，她怎么反应就那么大？原来，以其人之道还治其人之身，也会让她感到不舒服啊？可能她真的觉得自己很委屈，而委屈的原因是身边不敢反抗她的人太多了。谁反抗，谁就成了"不识好人心"的"白眼狼"。

真正的善意和"为你好"是什么？是我觉得你有病，需要去治，然后给你打一笔钱过去；是我觉得你穿得不好看，就给你买一件我觉得好看的衣服；是我觉得你需要做简历了，就把简历模板发给你。如果没有后面那些实质性的付出，只是在言辞上做出一点居高临下的评判，真的很容易惹人反感。

比如，你看到一个人脸上的胎记占了半张脸，就跟人家提建议说"去美容医院做一下"。看起来，你是真的好热心。但是，人家可能没钱或是去了但达不到应有的效果，只能这样了。你提建议的行为，反而带有这样一层潜意识：你这样不好看，你需要改变，你不够聪明，居然想不到我能想到的办法。

真正的热心是什么？是尊重现实，是接受人家的现状和选择，是不管人家脸上有没有胎记，你都把人家当成和你一样平等的人（而不是一个站在低位置上需要由你给建议的人）来看待。

这是一种以热心为名的不尊重……但很多人只要觉得自己是"热心的""好意的"，就对这种"不尊重"视而不见，被人点出来了还觉得特委屈。

这种现象，在互联网上随处可见。比如，一个女博主在网上上传照片，给她提装扮建议的人，铁定一抓一麻袋。这种不请自来地提建议，在我看来就是不礼貌，表面上看是为了博主好，但实际上中心思想只有一个：你现在不好看，你按我说的打扮才好看。

但是，你有那个时间和精力，拾掇一下自己不是更好吗？人家想要变得好看，会去找形象顾问的，甚至会去付费的。

第5章 丈量自己，把握人生尺度

我真的很怕跟那种在网上看点育儿理论、认识了几个网络育儿热词，就跑来指点我的人交流。他们总是用主张替代论据，用想象替代事实，永远活在自己的逻辑里，永远不肯睁眼看世界、看他人。他们看得懂你说的每一个字，却理解不了你说的意思。

看到你要求孩子上进，就马上评判你把孩子当成"实现自己理想的工具人"。看到你的孩子表现不够好，而你刚好是个单亲妈妈，他们瞬间能想到"丧偶式育儿"这一网络热词……这话说得好像国外就不存在这种情况似的，说得好像那些父母双双参与育儿的家庭里的孩子就不会遇到这样那样的问题似的。接着，还动不动就谈到"我国如何如何"，甚至建议你"去找个机构和配偶协助"。

真抱歉，这只是"我的孩子"的问题，上升不到"我国"。至于找机构求助，你爱去就去吧，我有自己的想法。还找个配偶协助育儿？相当于你抱怨今晚吃的泡面少了根香肠，他建议你赶紧去养头猪。

他们的思维也非常"二元化"，好像根本理解不了孩子的成长是一件很复杂的事，而育儿是一场没完没了的打地鼠游戏，根本没有一劳永逸的办法。一个问题解决了，另一个问题就会冒出来。生命不息，打地鼠不止。

最烦人的，是那种总想指点别人迷津的"爹味"。你吐槽个什么问题，他们立马站出来给你提人生建议，而这种建议，往往一文不值，甚至连参考价值都没有，因为真正有价值的建议，往往是需要你花钱去买、用现有资源去交换的。

"未经邀请，随意提醒、建议、评判别人"背后隐藏的潜在心理是什么？是你觉得别人不对、不行、不聪明，别人需要你的提醒、建议、指点和评判，而你是正确的、厉害的、聪明的、考虑周全的。

你开启这场对话的姿态，就是不平等的。在你开口给别人说出的建议、提醒、指点和评判之中，不知道藏了多少你自己内心的恐惧、贪婪、浅薄、傲慢以及难以自抑的对他人的强控制欲。但是，很遗憾，你不自知。

（三）

在互联网华语体系中，"爹味"这个词火了。它在英文里对应着一个近义动词"mansplain"，指的是以一种居高临下、好为人师的姿态向他人说教。

没有一个年轻人逃得过"爹味"，因为我们听过无数遍"我是为你好啊""让我来考考你""别怪我没提醒你""你反省一下吧"。

"爹味"为何会产生？实际上它就是源于优越感。

一个人从开始说教的那一刻起，就把别人归于不如自己的境地，这种自以为是和自大狂妄可真让人生厌。为什么呢？因为一场有意义的交流，基础和核心在于双方地位的平等。

有时候，我们不带求助目的地倾诉一件事情，不是为了要得到说教。很多时候，我们只是需要有一个人、一颗心跟我们在一起，这样可以消解被不幸或厄运击穿的痛苦和孤独。

人家没向你求助，你就不要瞎给建议，更不要讲道理、去批判。痛苦和哀伤毫无道理可言，成年人没谁不懂那些大道理，他缺少的只是自己纵然被不幸击倒也能被接纳、被理解、被支持以及被无条件地爱的机会。

我也很害怕那种酷爱说教的人，好像全世界的真理都掌握在他手里，所以他要顶着"为你好"的名义执着地点醒这么愚钝的你。他还未开口，你就知道他看你的眼光透露着某种优越感，是居高临下的。

这种姿态，让人极其不舒服。

这类人大多有这样一个共同点：说教时，不管对方是否愿意听、是否喜欢听、是否有能力听、是否有闲暇听，一律不管。确切地说，也不是不管，他们是迟钝之极，对他人的感受和反应缺乏敏感度和观察力，一味按照他们自己的喜好向对方倾尽讲大道理之能耐，而且是重复相同或大同小异的内容。

很多人在聊天过程中好像不大能"接住别人的梗"，倒是过于急切地想给别人提建议，认定别人吐槽一件事情一定是因为不知道怎么办了，很需要他们给出建议。

这些话术其实都没有恶意，可能只是一种无意识的语言习惯。就像是一个机器人，被按了某个开关后，它本能地做出反应。

比如下面的对话。

别人：今天出门没多久就下雨了，我被淋了个落汤鸡。路上遇到个人，他和我一样……

你：那你出门前应该看下天气预报，或者带把伞。

别人：我们班有个同学可讨厌了……

你：那就不要跟他玩。

别人：感觉最近坐飞机，航班延误比较严重。

你：那就坐高铁。

别人：哎；我跟你说，楼下那家炸鸡店的老板娘好像出轨了……

你：静坐常思己过，闲谈莫论人非。

久而久之，真没人跟你聊天了。

我认识一个女的，跟他老公闪婚三年后开始闹离婚，就是因为受不了她老公总对她这么说话。

她老公也没犯什么大的错误，不沾染黄赌毒，兢兢业业工作、勤勤恳恳顾家，最大的缺点就是不管是对她还是对孩子，永远这么接话。

我们那时候还劝她"你也没离婚的经济条件，要不睁只眼闭只眼过下去算了",她说:"一次两次、一天两天这样可以忍,一辈子对着这样一个人,怎么忍?"

我想了想,确实觉得有点难忍。

缺乏边界感,人际关系会变差

(一)

很久以前,有个六十几岁的阿姨找我咨询,她讲到一个跟儿媳相处的小细节:

儿媳换了一张菊花的照片作为微信头像,她觉得特别硌硬,因为在她的认知里,菊花代表的是祭祀,而儿媳用菊花照片作为头像,非常不吉利。

每次儿媳在微信对话框里跟她说话,她觉得自己心脏病就要犯了。

她把这事儿跟儿媳说了,儿媳很顺从地把头像改了。

在儿媳看来,这就是顺手的事儿,也不是什么原则性问题。再者,她的确给了儿子、儿媳很多钱;儿媳拿人手短,有选择性地顺从她,也是双方博弈的结果。

后来,她的一些朋友(同龄人,都是"60后")来家里玩,加了儿媳的微信。接着,儿媳在朋友圈里发个什么链接她都要管。她管的理由是:你在朋友圈里分享这篇文章,我那些朋友看到了,会怎么想?

儿媳后来索性分了组,算是阳奉阴违。可有一回,儿媳发朋友圈的时候可能忘记选分组了，被她看到了她认为的"不好的信息"。

她直接就崩溃了，认为儿媳"背叛"了自己。她再次去跟儿媳交涉，希望儿媳能删除那条朋友圈，但这回儿媳不干了，跟她吵了起来。

她跑来问我："我为他们付出一切，几乎把所有的钱、时间和精力花在了儿子、儿媳和孙子身上，为什么如今却落不着个好？从今往后，我把我这些付出都收回，看他们怎么办！"

我认真地跟阿姨说了这样一段话：

"阿姨，这是两回事。你的付出是一回事，但你的'越界'是另一回事。你的儿子、儿媳以及孙子可能会用别的方式来回馈你的付出，但不一定要用'受你控制'这一种。每个人微信头像要用哪张图以及朋友圈要发什么、不发什么，应该由那个人说了算，也由那个人去承担后果。将心比心，如果你找一张照片做微信头像、你发个朋友圈、你每天吃什么穿什么喝什么都得看儿媳的脸色，用她给你设定的规范来执行，你又是什么感受？你因为别人不服从你的控制而痛苦，就是庸人自扰。而且，你会发现，这世界上不受你控制的人和事太多，你根本就痛苦不过来。如果你因为儿子、儿媳不服从你的控制而用少付出的方式去惩戒，那对不起，你对他们的可能不是爱，只是以爱为名的价值交换——你用付出去交换别人对你的服从。每个人都不想当别人的提线木偶，所以，控制欲爆棚是万恶之源。"

阿姨说："我没有要他们怎么样啊，我只是希望儿媳不要在朋友圈里发那些内容而已。儿媳做到这一点，很难吗？"

我心想，啊，算了，我都白讲了。

任何一个家庭中，若是出现一个控制欲爆棚的人，全家人都会生活在苦海之中。

面对任何一个两两关系，都必须学会进退。咱们可以宽容别人，但自己该有的原则和底线必须坚持，而且要明确地告诉对方：你的哪些行为我无所谓，哪些行为我铁定接受不了。

所有的两两关系都像拔河，势均力敌，"进可攻，退可守"，才有好戏可唱。而在掌控欲特别强的人那里，永远都是别人迁就他，但是，这种迁就能维持一辈子吗？要知道，地位的强弱是可以逆转的。

我觉得，一个人过了40岁还没有这种觉悟，没法内观，没能发现并突破自己的这种局限，那他基本上这辈子结局不妙。

人生很长，很多掌控欲极强、树敌太多的人，直到晚年才能看到被自己这种性格反噬的结局。比如，掌控欲极强的人，没法处理好亲密关系。掌控欲极强的人，在职场处处树敌，哪怕凭运气抓到一手好牌也能把它打稀烂。对子女掌控欲极强的人，孩子长大后可能会成为没主见也没本事的"妈宝""爸宝"，也有可能跟父母爆发代际冲突……光这几点，就够这些父母受的。

人活这一辈子，说到底是要先处理好与自己的关系，才能处理好和他人的关系。处理不好，必遭反噬。而掌控欲极强的人，本质上是和自己的相处出了问题，他们的安全感，只能靠控制别人取得。

这是非常悲哀的。

（二）

一个朋友说她在国内生活喜欢戴帽子，结果经常需要跟人解释自己为什么要戴帽子；而到了国外，周围不戴帽子的人也很多，但若是她戴了帽子，别人看到她，只会夸帽子漂亮。

这就是一种尊重。虽然你做的事情跟主流大众不一样，但你没有违反公序良俗，你没有侵犯到任何人的权益，那这就属于你自决的范畴。

第 5 章　丈量自己，把握人生尺度

我有时候甚至怀疑，是不是"多管闲事"已经写在了我们的基因里？不信大家联系周遭的情况看一看：是不是有太多人，甭管这个事情是不是属于"自己该操心的"，都喜欢来横插一脚？

比如，一个人到了年龄不结婚、不生子，可能会被盘问得想原地爆炸，可这些事情显然跟盘问的人"没一毛钱关系"。你只需要尊重人家的选择就好了，这真的跟你没关系。

有些人用言语入侵别人的生活，却对此丝毫没有觉知，只觉得自己是好心。若是被反抗了，一顶"刚愎自用、听不进去别人意见"的帽子就给你扣头上了。

可是，那是"别人的事情"，别人依据哪一条法律、哪一个道理，必须听从你的意见，必须忍受你的"言语入侵"而不能反抗呢？

有意思的是，到了这些人该"管事"的时候，往往却找不着他们的身影。

该他们负责的工作，往外推。该他们承担的责任，回避。该他们面对的问题，无视。该他们经营的关系，逃避。这种时候，这些人不觉得他们自己应该要管管这些"分内事"了。

我真的觉得，确保一个人幸福的要诀之一，就是"不要越界管别人"。

做到"不要越界管别人"，可以解决他们人生中 80% 以上的烦恼。

就拿我妈来说，连我给我爸发多少钱的红包，她都要管。我和我爸都不听她的，她就陷入痛苦。可是，这种痛苦是我们造成的吗？实际上是她自己"管太多"造成的。

只可惜，这些人一般也听不进去"不要管别人"这种幸福秘诀，因为他们认可的幸福只有一种：成功控制住他人。若是控制不住，自己就是令人同情的受害者。这种当受害者的感觉，也能让他们感到幸福。

这也算是一种可悲的"路径依赖"了吧？习惯了这种人生运行轨迹，就

认知突围：实现人生跨越的关键

再没能力甩脱了。

我们很多人，可能从很小的时候起就缺少"被尊重"的氛围。父母打着"为孩子好"的名义强力干涉儿女的事情，导致儿女的意愿根本得不到尊重。儿女长大后，把父母对待自己的那一套学得惟妙惟肖，甚至发扬光大；跟别人相处时，也不会尊重他人的意志和自由。

这种集体无意识的行为互相传染，而且代代相传，以至于像我这种对"界限"敏感的人，反倒成了"不识好人心"的怪胎。

要论控制欲，我妈也很强。我上小学几年都没权利挑选自己喜欢的衣服，我要是哪次穿了不合她意的衣服，她就会打压我，说我丑、丢人。但我的自我意识觉醒得很早，加之父母穷，管不过来那么多，所以，自我11岁离家住校后，我所有的事情都可以自己"说了算"。

那时候，我对于"被人控制"这种事没有很深入的思考，我只是凭本能在反抗。可是，在成长过程中，我慢慢发现：缺乏界限感，是痛苦之源。

很多人的痛苦，正是源于"自己的事承担不起来，却热衷于掺和别人的事情，或是没能力搞清楚哪些是自己的事、哪些是别人的事"。

比如，明明自己的生活过得一塌糊涂，却总是对别人的生活指手画脚，结果遭到别人反抗，关系处得一团糟，还永远觉得是别人的问题。

又如，分不清楚哪些是"原生家庭的事"，也搞不清楚哪些是"小家庭的事"，各种瞎掺和，搞到小夫妻离婚。

再如，明明自己是单身母亲，却天天在那儿苛责自己给不了孩子父爱，可是，父爱是父亲该给的啊。父亲不给孩子父爱的话，那也是他们父子俩的事，不需要由你去背负这种因果。你只需要做好母亲的职责就行了。

复如，分不清楚哪些事是"自己的责任"，哪些是"别人的责任"，要么吃了闷亏不敢维权，要么跑去找别人闹，要别人为自己的决定负责。

而让我震惊的是，好多人对此习以为常。

有的人觉察不到自己在越界、在入侵，只要打着"我是为你好"的名号，就可以在操控别人这种事上为所欲为。

有的人甚至觉察不到别人想操控自己的意图，哪怕自己的领地已经被入侵还是觉得别人也"只是为了我好"。

（三）

厘清界限感，是一个人的幸福之源。减少人际关系困扰的秘诀之一是：尊重他人的边界，让它如其所是。

活到一定年纪后，在这些"本就应该由别人做主的"事情上，我不愿意花力气去改造别人。

比如，我给我爸买的好衣服，他从来不穿出来，因为他觉得那些衣服都太挺括、光鲜、高级，不符合他的身份和年龄。他平时都穿什么衣服呢？十几年前在广州城中村买的那种十几元一件的衣服，款式老旧、布料廉价，但他穿着感觉更舒服、更自在。

去境外旅游，我爸穿过印着某某油漆广告的衣服跟我去日本、新加坡、马来西亚和泰国玩儿，走到哪儿都帮别人打广告。

以前我还会建议他穿好点，现在我完全不管了。我是这么想的：让他穿好点，到底是真为他好呢，还是仅仅把他当成了一个展示我孝心或虚荣心的道具？既然他觉得穿廉价衣服更舒服，那就随他去吧。

又或者，换个角度来看，这也是他们在吃穿上完全不在乎他人眼光的表现，比那些买名牌只是为了在人前彰显自己混得好的人自在多了。

我女儿把刘海剪得乱七八糟，我妈看到后要崩溃了，但我懒得管。女儿

认知突围： 实现人生跨越的关键

自己剪完之后，发现并不好看，下回自然不会再剪。

我跟我妈说，她就是剪个刘海而已，又不是拿剪刀自残，你管那么多，累不累啊？

我每次给亲戚发红包，我妈都有意见。她的理由是：她年轻的时候，家里穷，亲戚们没帮过她一分钱。现在我们家条件好点了，她天天为我省钱，而我却不把钱当钱，到处撒钱，还把钱撒给那些以前没怎么帮过她的亲戚。

没形成独立思维的少年阶段，我没仔细思考过我妈这话。

而现在，我轻而易举发现几大漏洞：

第一，"我的钱"是"我的"，怎么处置，应该我说了算。我妈有意见，纯属自寻烦恼。

第二，我是我，我妈是我妈，我妈和亲戚的交情是一回事，我和亲戚的交情是另一回事。

我喜欢"人对人"式社交，不喜欢"家对家"式社交。我反感中国式家庭中的"以家庭为单位"的社交，因为它是以泯灭个体意志为代价的。

当年某些亲戚给你带来的印象不好，但我去他们家居住期间，他们待我还是宽厚的，我现在有能力了，也应该报答。将来，我对人家是否回报我根本没有任何的预设，所以，即使他们将来不领我的情，我也无所谓。我也会给陌生人捐钱，那么，我拿一点钱出来帮扶一下亲戚更没什么好计较的。

我认为，对别人的言行做出过多的预设，其实也是一种掌控欲，因为如果别人没有按照你预设的要求来做，你会自寻烦恼。

有一天，我爸跟我说，他觉得老家的亲戚一个个都比较自私、没人味儿。他中风好多年了，都没几个人去看望他，也没人打电话问他的情况。而他们以前有个什么事，他都会去看望的。

我跟他说了这样一段话：

"我理解你的心情，但一个人如果不对别人的行为做预设，可能会更容易产生幸福感。这种预设，本质上也是掌控欲，即你希望别人按照自己的期待去做，若是别人做不到或是不听你的，你就感到痛苦，这相当于把'让自己幸福的责任'交到了别人手中，这是非常被动的。

还有，人和人在这个世界上相处，永远都是内心更强大、资源更充沛、活得更智慧的，去包容内心虚弱、资源贫乏、活得混沌愚昧的。你让一个给你打个电话都嫌电话费贵的人去关心你，根本就是不现实的事。

强、富、悟性高等，都有比较大的延展性。如果让我做选择，我还是愿意做这种人，英语里称这类人是 giver，意思是给予者。你为什么能做这种人？就是因为你拥有更多。做分配者，比做被分配者更幸运也更幸福。"

（四）

我觉得边界意识，是一个人一生中一定要修炼及格的东西。最基本的要求就是分清楚哪些是自己的事、哪些是别人的事、哪些是老天的事，尽量"不要越界"，"少预设一点对别人的期待"，不要轻易介入他人因果。

父母的婚姻，是他们自己的因果。作为儿女，你只需要承受这个因果产生的"果"并且去处理这个"果"就可以了（如接受和尊重父母离婚的事实），不要总想着要去拯救什么或是解决谁，更不要把自己宝贵的时间和精力投入这种因果中，因为你这样做只是空耗能力，还会把自己卷入他们的因果黑洞。

父母也不要介入儿女的因果。比如，儿女要跟谁结婚、跟谁离婚、跟伴侣怎么相处，那都是他们自己的因果，不要干涉，不要强行撮合或制造分裂、分离。你能做的，就是承受这个"果"，比如，你自行决定儿女离婚后是否帮着儿女带娃。

不要介入别人的情爱因果，保持距离。人家在一起了，你送上祝福；人家分手了，你陪着喝一顿酒，足够了。

很多灾祸，就来源于瞎介入别人的因果。

某天，我女儿跟我说了一件事，然后等着我夸奖她助人为乐。

事情是这样的：我女儿有个闺密叫小雅，她特别胆小，想要什么东西都不敢跟她父母说。她就恳求我女儿帮她跟她爸爸说，她想要一个电子琴。

看好朋友连这种话都不敢说，我女儿的"保护欲"和"助人为乐欲"就爆棚了，她跑去跟小雅爸爸表达了这个诉求。虽然小雅爸爸同意给小雅买电子琴，但我这次没有给她鼓励，反而表达了对她行为的不赞许。

我给女儿讲了日本女留学生被闺密前男友杀害案，最后跟她说：

"妈妈给你讲这个故事，不是说小雅就是案例中闺密那样的人。妈妈想表达的是，我们不要随意介入别人的因果。

什么叫作'别人的因果'？说白了就是'该别人去做的事情，你不要去代劳'。哪怕是别人恳求你、赞赏你、怂恿你，你都不要去做。该他自己去做的事情，他为什么不去做？这说明他认为这个事情会给自己带来风险，而他想把这种风险转嫁给你。

这个世界上最大的见义勇为和善良，不是替别人强出头，而是恪守自己的边界。该是自己的责任，不要逃避；别人有难，你能帮得上的话，可以去帮，但是，别人跟另外一个人的关系出现了问题，你不要去充当说客。这也不属于该你去帮的范畴。

妈妈跟你说的故事，是别人用血、用命换来的教训。你要记住这个故事，以后学会分清楚乐于助人、见义勇为以及'介入别人的因果'的区别。"

（五）

划定了"我的事""别人的事""老天的事"这种边界，就能解决人际关系中的冲突了吗？未必。因为人与人对"我的事""别人的事""老天的事"认知存在比较大的偏差。

举个例子，一个老人得知已经领证准备结婚的儿子和儿媳吵了一架，就认为他们不适合结婚，取消了儿子儿媳原本已经发了请柬的婚礼。在他看来，或许这就是他的事，可站在儿媳的角度，这就是多管闲事。

一场婚礼，有人认为主角该是新郎新娘，双方父母只是列席的嘉宾；有人则认为主角是新郎的父母，新郎新娘只是帮助父母昭告天下"我家娶媳妇了"的道具。

像后者这种认知，生活中大量存在。传统的婚礼请柬上，很多人写请柬的方式是这样的：谨定于农历某月某日为小儿××和儿媳××举行结婚典礼，恭请×××携家属光临。

这种认知差异如果没法调和，怎么划定界限？双方都认为"这是我的事，你无权插手"。

再举个例子，一个妻子认为公婆有义务帮自己带孩子，骨子里就认为这是老人的事，因为别人家也都是这么做的。而公婆认为，你的孩子你应该负责，这是你自己的事。双方的这种认知差异，就会导致数不尽的冲突。

一个孩子因为考试没考好，没被某个学校录取，就承受不住这种打击要自杀。细细分析起来，我们可以这么认为：努力备考是他的事，会不会被录取是老天的事，但他认为"我没被录取一定是因为我太笨"，无法承受这种挫败感和沮丧感，只能自戕。

其实，人际关系跟国际关系并无本质不同。强国拥有更多话语权，弱国

"落后就要挨打"。公义存于国际舆论之中，再强的国家也需维护一定的国际形象与道德底线，毕竟荣耀与尊严同样是国家之"脸面"，不容轻易践踏。

说来说去，本质上就是那么回事。生命不息，纷争不止。我们都要靠纷争来确认幸福和和平。

人生要有"底线思维"

（一）

一说到创业，大家可能就会想到"创业成功"，走上人生巅峰、迎娶白富美。

可现实真不是这样，这只是"幸存者偏差"。

创业是九死一生的活计，那九个创业失败的人，你根本听不到他们的故事。

创业失败，有时候也不是做两三年就失败，有可能是坚持了十几年才一败涂地，又或者是完整走过了起兴、发展、巅峰、回落、失败的周期。

今天想讲的这个创业故事，来自我的朋友。我跟他大概是 2007 年或 2008 年在网上认识的。当时他在网上到处寻找能帮他写稿的作者，而我那会儿工作也不忙，又没有家庭、孩子要管，有比较多的空闲时间，就给他做过一段时间的兼职。帮他写稿的报酬也不高，三四十元一篇，我就赚点买菜钱。

一来二去，我们就熟悉了起来。我去北京出差的时候，他约我见面，在

第5章 丈量自己，把握人生尺度

饭桌上跟我描绘关于创业的宏伟蓝图与无限憧憬。那会儿，他三十几岁，刚刚从一家央企的技术研发部门辞职，意气风发，要做一个有情怀、有风骨的互联网创业项目。

那个项目，现在看来确实很超前。他说的这种商业模式是行业首创，听得我也心潮澎湃。直到他提出希望我加入他的公司，和他一起合伙创业，我马上就打退堂鼓了。

那时候，我在体制内金融单位有稳定的工作、有升职的希望，已完全适应了广州的生活，不可能为一个蓝色的理想泡泡，抛下一切奔去北京。

我现在还记得他跟我谈起创业项目时的那双眼睛，全程闪着光。

创业初期，他卖掉了北京二环内的房子作为启动资金，建了一家网站。创业前三年，公司几乎处于烧钱阶段，他聘的员工也不是很多，自己几乎不拿一分钱工资。他的妻子担负起养家的职责，负担家里的所有开销。

创业三年后，项目开始变现，但因为用户量比较小，项目处于"收支平衡"的阶段。公司所得的收益刚好能覆盖支出，但他坚信，自己的这套模式是对的，是市场需要的。那时候，他还找了在广州的吴哥加入他的创业项目。

吴哥去北京之前，我还找他吃了一顿饭。在广州，吴哥收入不高，还需要养老婆、孩子，是满怀着憧憬和希望去投奔的。现在想来，吴哥会被他说动，而我不会，可能是因为对吴哥来说，抛下广州的一切奔赴北京，诱惑大、代价小。要我放弃稳定、薪水不低、不很繁忙的体制内工作，到一家前途未卜的创业公司卖力，是不大可能的。再者，我一直觉得，他做项目的初心非常好，但没有从源头上解决公司的盈利问题。

到了2012年前后，他的创业情怀打动了第一批融资者。有两个老板愿意给他的项目投钱，合起来投了1000万元左右。有了这笔钱的注入，这个项目的质量开始出现质的飞跃，用户数量有了增长，他团队里的人手也增加了。可是，这笔注资带来的只是虚假繁荣。他的项目依然面临着用户增长乏力的问题，管理层面也暴露出诸多亟待解决的问题。

随着 2015 年各类知识付费项目的兴起，在行业巨头的强势竞争下，他公司的市场空间立马被蚕食殆尽。

撑到 2020 年的时候，公司已内忧外患，整个项目难以为继，公司只能进入破产清算流程。而我也是那时候才知道，这么多年来，他从公司拿到的报酬不超过 20 万元。这十几年间，他付出了超乎常人的努力，几乎将公司视为第二个家，起早贪黑，全力以赴，但最终还是落了个"起了个大早、赶了个晚集"的遗憾结局。

我有时候也在想：如果他这个创意与想法的萌芽能够迟来五年，避开初期网站建设的重资本投入，而是直接上 App，或许结局会截然不同。只可惜，创业这种事情，真不能假设。

商海深不可测，喝"头啖汤"的人未必能赢得头彩，很有可能只是行业炮灰。在很多行业，永远不是推陈出新的第一家赚最多，而是第三、第四家。这种事跟找对象似的，出现得早，不如出现得巧。

公司破产后，他进入一个技术团队，继续干自己的老本行，然而，现在技术环境日新月异，不断推动着行业边界的拓展与重塑，而他作为一位历经风霜的创业者，在体力上难免拼不过年轻人，加之职场生态对创业失败后重返职场者持有一定偏见，部分雇主觉得这部分群体好高骛远，不如年轻人好用，这使他在职场上遭遇了很大的困境与挑战。之前，他因为忙着创业，没时间照顾家庭，夫妻俩连孩子都不敢生，现在这份遗憾已难以弥补。

想象一下，如果当初他不卖掉房子创业，那么，那套房子可能已经涨了十倍。如果他一直在那家央企工作，说不定现在已经成了高管，夫妻俩每年赚个 100 多万元应该是没问题的。可现在，辛辛苦苦十几年，一夜之间回到了原点。

我们唯有以阿Q式的精神慰藉自己，这十几年的商海沉浮，也让他收获了满满的经验。如果他日有人再看中他那个商业模式，或者把与那套商业模式捆绑的一切资源再利用起来，或许他还能迎来事业的第二春。

我只是没想到，他能为一份情怀支撑了这么多年。以为多撑一阵子就能赢得希望，结果越撑越亏。换我的话，如果创业三年，公司依然无法自我造血，可能就放弃了。

我辞职创业的时候，已经给自己想好了后路：亏完100万元，如果公司还是没有起色，就宣布创业失败，躺平。反正，有几套小房子打底，我怎么都可以活得下去。

这就是我给自己设置的"底线"。

（二）

现在，大学生就业面临着总量失业和结构性失业并存的矛盾。一方面，大学生数量供大于求；另一方面，某些岗位存在大量的人才缺口，不少大学生或因自身技能与岗位需求不匹配，或出于个人职业规划与兴趣偏好的考量而未能或不愿意投身这些岗位中。也正是因为严峻的就业形势，很多大学生一毕业就想创业，总觉得自己可以复制那些创业者的成功经验。但我由衷地建议，不应将创业单纯视为逃避不良工作环境或烦琐工作职责的捷径——当然，那些拥有坚实后盾、无须过多经济顾虑的人除外。

且不说创业九死一生，失败率很高，咱们就来说说当小老板的心酸：员工有休息和休假时间，小老板永远没有。虽说时间上自由了很多，但全年三百六十五天，没有一天不在工作。哪怕是在休假期间，也得处理工作，根本不敢松懈。

而且，创业对老板的综合能力和素质的要求是很高的。如果你连目前的本职工作都做不好，却整天幻想着辞职创业，那么，在创业过程中出现的一些更复杂的问题，你更解决不了。

以前在体制内工作的时候，我玩得转各类文字材料，会策划、会出点子、会审查合同、做法务、会宣传等，在跟各个部门打交道过程中学到了一些管理经验，也在跟乙方打交道过程中学习到了人家的运转方式，算是个"多面手"了，可是，现在自己创业了，我还是感觉很多时候"能力无法顺应工作需要"。

相比以前在体制内工作，我唯一感到有点轻快的，就是工作效率和时间利用率变高了。如果时间和资源利用得当，单位时间内确实能创造更高的收益。

我真的不建议大学生贸然去创业。连工作都找不到或是一份工作也干不好的，就更不要盲目去创业了。我跟合伙人当初辞职创业，一方面是自己身上长的本事给了我勇气和底气，另一方面是因为我们的创业启动资金哪怕都亏完了，也还是能在这个城市里生活得不错。但说真的，有时候我看看我们的员工，不敢想象他们要做同样的决定的话，会发生怎样的后果。

之前我认识一个小伙子，就是二十几岁创业，到30岁背负了上百万元的债务。按照他的赚钱速度，估计得还十几年。然后，他就变得急功近利，想赚快钱，结果触犯了刑法。

创业九死一生，你在网络上看到的只是"成功了的那一部分"，还有很大一部分用剩下的几十年打工还债……与其如此，还不如好好干着眼前的那份工作，过好自己的小日子算了。

当然了，凡事不绝对。我觉得最重要的不是你什么时候去创业，而是"你是谁"。

大学生创业，弊端是社会和商业经验不足，失败率高；好处是时间多、精力足，试错成本低，纠错时间长，后路够宽广。年轻，就是最大的财富，你还有大把的时间去试错、纠错。跌倒了，没关系，再战。

我在一家金融机构工作了十五六年才辞职出来创业的。我也曾经思考过这样一个问题：如果我大学毕业就去创业，会怎样？那时候我的心态幼稚、玻璃心，知识、技能、眼界、经验、阅历等也不够丰富，创业失败的可能性极大。但是，如果我找准了方向，赶上了风口，也有可能获得成功。大学生创业，有失败的，也有成功的，也有屡败屡战最后成功的……中年人也是如此。所以，比起要不要"一毕业就创业"，更重要的还是"你是谁"。

分析那些成功者和失败者的案例，会发现那些创业成功的人身上都有相同的特质：聪明，勤奋，好学，有毅力，永不停止自我革新。而那些失败者身上也有相同的特质：自大，好逸恶劳，做事三分钟热度，目光短浅，好走捷径。

人生每个阶段遇到的难题都是不同的。重要的不是如何避免那些难题，而是你是一个怎样的人，你会以怎样的姿态解决那些难题。"你是谁"，比你什么时候创业更重要。

而且，任何时候都要有"底线思维"，把坏事、失败想在前头，并做好相应的应急预案，别做"越亏越赌，越赌越亏"的赌徒。

（三）

管理学上，有这样一个问题：你是一家公司的老板，公司里有两个员工，一个员工的价值观跟你相近但创造的利润一般，另一个员工能为你创造高额利润但价值观与你相悖。现在，你面临着去一个留一个的选择，你去哪个，

认知突围： 实现人生跨越的关键

留哪个？

做员工的时候，我想当然地认为：当然应该留下能创造高利润的那个。企业是以营利为目的的，衡量一个员工是否合格的标准就是能不能帮老板赚到钱。一个人的价值观再正，但他创造不了太多的利润，那么，你养这个员工的性价比未免也太低了。

可是，在管理学上，这个问题的答案是留下价值观与你同频的那个。

企业追求利润，是没错，但是，老板经营的不是利润，实际上是风险。老板投入资金、时间、精力、人脉去做一件事情，有无数失败的可能，他们本质上就是在经营风险。而把控风险，是比营利重要一百倍的事情。

如果拿一只盛水的塑料桶来比喻一家公司，那么，风险底线就是塑料桶的底板，盈利能力则是水桶的高度。一旦底板漏水，且无法及时补上，那么，这个水桶壁无论有多高都没用。

留下价值观一致的员工，虽然短期可能不会给你带来高额利润，但是，你用得放心、安全。而和你价值观不一致却能创造高额利润的员工，一旦不想再为你拼命，很有可能会把你辛辛苦苦打下来的江山一把火烧掉。对于老板来说，用这样的人，实际上心理成本是很高的。

从企业管理推及婚恋，我觉得这个答案也是通用的。选择那个短期内虽然穷一点但价值观和你一致的人，比选那个赚钱能力很强但价值观与你相悖的人，你获得幸福的概率会大一点。

现在，每次合伙人想到一个很新的创业点子，越讲越兴奋，越讲越觉得未来可期的时候，我就给他浇一盆冷水，冷冷地跟他说："创意很好，但是，做出来你卖给谁？为它买单的人在哪里？"

普通人创业，我觉得还是要尽可能多地从"稳"的角度出发，先从基础客户去拓展相关业务。把基础客户服务好了，再挖掘他们身上有什么别的需求，或者，借助基础客户的力量，再以他们为支点，进一步往外辐射。

风险是木桶底，做业务、拓展客源是木桶壁……真的要把风险意识排在赚钱意识前面。

赚钱是一个逐渐累积的过程，就像下雪，一片一片积累起来，才能积少成多。但是，亏钱就很快，雪崩似的。一个项目做不好，可能让你几年的积累都化为零。风险没把控好，你在其他方面好不容易赚来的钱都会被拿去填窟窿，很有可能会让你前功尽弃。

普通人赚不来大钱，那就要努力守住自己现在拥有的一切，避免让生活的稳定与幸福遭遇突如其来的"雪崩式"崩塌。无论是构建温馨和谐的家庭，还是塑造自我成为更加完善的人，这一原则同样适用。

补洞，比开拓重要。

不管做什么事情，都一定要时刻绷紧风险的弦。

（四）

"人只能赚到认知范围内的钱"，我对这话深有同感。

早些年，我喜欢研究楼市，看到房子就两眼发光，没钱也要进去踩一脚、看一看，所以，我投资房产，虽然没有大赚过，但至少没赔过，这就是我愿意多观察、多琢磨的结果。愿意花时间研究，最终这些努力和积累得到了一个比较正向的回馈。

在股票、基金市场，我就屡屡失手。赚的时候赚不了多少，赔的时候把几年的利润都赔进去，最终一无所获甚至亏钱。说到底，就是因为我不愿意在这个领域花太多时间，迷信"懒人有懒福"。

而且，人到了一定年纪之后，思维方面真的会变懒惰。这种变懒，一方面有生理原因，相比年轻时候你的记忆力、分析能力、反应能力、思维敏捷程度都在下降。另一方面，先前积累下来的经验，有时候真会禁锢你的思维，让你容易犯经验主义的错误——过去某个时段你的经验是有用，到了新的时段可能就不适用了。

这就是为什么我觉得人过了40岁以后要求稳。简单来说，就是你赌不起了。赢一局，你的生活质量未必大幅提高；要是输了一局，很可能"一夜回到解放前"。所以，赚点"认知范围内的钱"就算了，而不是哪里赚钱往哪里蹦。

对年过40岁的普通人来说，"千招鲜不如一招熟"，把自己擅长的那一招练好，努力升级自己的既有认知，升级自己的底层执行系统，赚些辛苦钱养家糊口就完事了。

也许你会拿一堆"大器晚成"的名人事例来反驳。比如，齐白石从小家境贫困，27岁才开始正式学画画，56岁后大胆突破自己，转变画风，从此名声大振。又如，黄公望70多岁学画画，80岁画出了《富春山居图》。还有某网红80岁才走红，真正诠释了什么叫"人心不老，走红迟早"。

18岁看这些成功者的故事，我们热血沸腾，甚至开始去"磨剑"。现在再看，总是很容易想到"幸存者偏差"这个词。人们往往给成功者戴上光环，不停总结和复制他们的经验，其实他们只是幸存下来了而已。也许那些没有幸存下来的人，也做过同样的事情，但他们没有机会向众人讲述自己的失败故事。

成功人士在人群中永远是少数，是金字塔尖上的那一小撮。更多人，得接受自己只是个普通人。一个天才，即便自我认知为芸芸众生中的一员，也能通过内心深沉的热爱与不懈追求的感召，逐渐揭开潜能的面纱，深入挖掘并展现其非凡能力，最终在某个特定领域脱颖而出，成为引领风骚的佼佼者。但一个普通人，总认为自己是个天才，那迎接他的，可能就会是悲剧。

我认识的一个生意人，年轻的时候就赚够了一辈子都花不完的钱，他准备隐退江湖，但是隐退江湖几年之后，又觉得"提前退休"的日子很无聊，然后又出山折腾。但是，好运气就像是突然走了一样，他做什么赔什么，直到把曾经赚到的、这辈子都花不完的钱赔光。

这个世界瞬息万变，人不可能过上一劳永逸的生活。一个人永远站在时代浪尖上，是很难的。如果不确定自己一直能当"弄潮儿"，那么，"以静制动"也不失为一种好策略。

对于一个人来说，"忍住不做点什么"比"做点什么"更考验定力和智慧。很多人就是败在了"忍不住"，当了一次"弄潮儿"，就以为自己终身都是"弄潮儿"。

也有一些人是这样的：年轻时，因为各种原因，不敢赌，做决定谨小慎微，眼睁睁地错过很多赚钱的机会。40岁以后，一想起这些过往，痛心疾首、追悔莫及，总觉得当初自己要是赌一把，自己的财富就能大幅增加。于是，在应该保守的年纪，来一场大赌，最后把半辈子的积蓄全部搭了进去。

可是，年轻时你输得起，完全可以小赌一把的，但年纪大了不一样啊。

就拿贷款买房这事儿来说，二十几岁时，你可以用最低的首付买套房，背上几十年的债务，慢慢还——因为大多数人的收入变化遵循倒"U"形曲线的趋势，到35~45岁到达顶峰，50岁以后慢慢下降。可是，如果你已经40多岁，再给自己背负上二三十年的贷款，即使银行答应，你自己可能也会有断供的顾虑。再者，40岁以后，你的家庭花销比年轻时候大很多，家庭承受的风险也比年轻时候大得多，这个时候再做任何决策，都应该保守一些了。

每个时代都有每个时代的红利和风口，错过了这个村就没了那个店。一些投资经验，别人10年前或20年前使，频频有效，赚得盆满钵满；可二三十年后你再使，那就是"刻舟求剑"了。风险和收益成正比，总体来说，

认知突围：实现人生跨越的关键

年轻时我们可以激进一些，年纪大点之后需要保守些。

请记住这句话：赚钱如积雪，亏钱如雪崩。

后记：提升认知，让自己变得更有成长力

（一）

这是一本写给普通人的书。

绝大多数普通人的生活状态是差不多的：读书、毕业、找工作、参加工作、租房、挤公交和地铁、加班、应酬、失恋、相亲、买房、结婚、生子、还房贷、育儿、换工作等。

大部分人随波逐流，如浮萍一般，波浪把自己送到哪里，就漂去哪里；好像永远被生活推着走，对于变化感到无力，对于未来一无所知，缺乏危机意识，也缺乏对未来的规划，很难有跳脱出既有棋盘去分析全盘的能力；对自我以及周遭的一切，也缺乏明确的认知。

就这样，明明你和别人起点差不多，走的也是相似的人生轨迹，但10年或20年之后，大家的差距就拉开了。造成这种差距的原因，当然有时运的因素，但更多的可能是人和人的"成长力"存在差别。

所谓成长力，其实就是觉悟力（观察力、总结力）和行动力的总和。

再拿我自己做例子。

小时候，我尝过干农活的辛苦，深刻体会到生活的厚重与不易。与此同时，在学校里，我目睹了那些满腹经纶的老师们，他们以知识的光芒照亮前行的道路，生活相较于辛勤劳作的农民而言，显得更为丰盈和惬意。所以，我觉得好好学习一定没错。

认知突围：实现人生跨越的关键

小学时，我看到舅舅因抢劫犯罪而被判刑，我知道了要对国家机器和法律抱有敬畏，不要轻易去踩红线。

上高中时，小姨死于家暴。她的故事让我明确了一件事：如果男人第一次打你，就要马上分手或离婚，绝不要给他第二次机会。

舅舅出狱后，娶妻生子，乖了两年后开始酗酒、赌博和家暴家人，最后众叛亲离，45岁暴尸街头。他的故事让我明白了：惯子如杀子。你若自己不成器，连亲人都会放弃你。

年轻时，"恋爱脑"好几年，自导自演了好多琼瑶苦情戏，后来演够了、演累了，及时止损。这期间，看到别人买房赚钱了，赶紧下手买了一套小房子。

结婚后，发现自己选错了人，因不想重复我爸妈的婚姻悲剧，过完哺乳期我就马上离了婚。

在体制内工作十几年，忽有一日单位搞改革，我看到那些接近退休年龄的同事的各种身不由己，不想自己老了以后也被体制弃如敝屣，咬咬牙跳出来创业。

我真的觉得，如果你善于观察、总结并有相应的行动力，人生中每发生一件事其实都能让你学到东西，引你往更宽阔的道上走。

我算是觉悟力和行动力差的，所以走过不少弯路，浪费了不少时间。也正是因为这样，每次看到那些比我觉悟力更强的人，我都会心生仰慕和佩服。聪明人在人群中是很少的。我们要虚怀若谷，向他们学习。

有成长力和没有成长力的人，最大的差别在哪里？有成长力的人，看到一种对自己有益的小方法，第一反应是我要学起来。一件事情对自己是否有益处，他们的评估速度很快，反应也很及时。

没有成长力的人，看到别人的小方法跟自己平时的做法相反，第一反应是你这是在害我。他们的自恋被破坏之后,第一反应是维护自己的自恋:我是对的,你是错的。

如果把两者的思维疆域比喻成疆土,有成长力的人的思维疆土是松软的土壤,无成长力的人的思维疆土是水泥。

土壤是比较适合播种的,种子种进去后会充分地吸收雨露和大地的营养,并能有个好收成。随着时间的悄然流逝,土壤孕育出勃勃生机,展现出无尽的生命力。

水泥则不适合耕种,你泼一盆水过去,它都能让这盆水排出体外。

做土壤还是做水泥,就看你的了。

(二)

我觉得,人的认知是需要被不断打破的,这样你才会成长。这种成长不是突飞猛进、直线式的,而是"看山是山—看山不是山—看山还是山"的呈螺旋式上升的过程。

比如,我在离婚后,感觉自己任督二脉被打通,从一个混沌的蛋壳里钻了出来。我觉得,这种"打破"就是"开窍"。人的意识有巨大的潜能,你的"窍"开得越多、开得越早,接收真理的天线就越丰富、越灵敏,你就越早因此得益。

可这两年,我感觉自己又遇到了认知瓶颈,脑子里想来想去都是些旧东西,没法再往上突围、升级。我也希望能通过学点新知识、新技能打破这种认知茧房,再往更高维度的思维空间走一走。

我在这本书里分享的,只是我的一些个人体悟,是一点点可能让你做得比身边人好的方法论。如果能对你提升认知产生一些帮助,那我倍感荣幸。

认知突围：实现人生跨越的关键

如果你认为自己的认知层级比我高，我希望你能不吝赐教。

现在，很多人一听到"匮乏"这个词，就觉得它是洪水猛兽。可是，我觉得"适度的匮乏"是人生的必需，你要靠它去确认富足和幸福。

幸福的秘诀，真的不在于"多"，而在于"稀缺"。如何制造"稀缺感"？靠的就是"适度匮乏"。

所以，不管你处于一个怎样的"匮乏"或痛苦的环境，都不要太怨天尤人。有了这种"匮乏"做底，你在追求过程中或是最终得到的时候，才能感受到更多的幸福。

不要害怕"匮乏"，它真的是你追求幸福路上的前戏。

比如，好多作者都希望自己大火，因为大火意味着名利滚滚来，你可以不需要"付出太多"，就能"得到很多"。可是，我不这么想。

我觉得对于一个人来说，保持"饥饿感"和"匮乏感"真的很重要。

这就是乔布斯说的"In hungry, stay foolish"。

太饥饿也不行，饥饿会消磨你所有的志气。"有点吃的，但没饱"，就是人生最好的状态。

人生就是一场游戏，既然我们死时带不走任何身外之物，那活着的每一天，野心勃勃地活着的这种姿态、状态就很重要。

在爬坡越坎的人生阶段，我不希望大家过早放弃、过早躺平。在这个阶段，我们的人生主题还是奋斗。

你看，生活中那些过得好的人，都有一个特点：乖，但不怎么乖。乖，说的是尊重规则，有风险意识，不做违纪违法的事。不乖，说的是野心、叛逆心，他们从来不循规蹈矩，眼里没有太多的条条框框，不会束手束脚，而是活得野心勃勃，不断拓展自己的人生边界。

而想要活得野心勃勃，就需要我们"学会与世界合作"。

后记

余华讲他年轻的时候投稿，先往最牛的一线刊物投，被退稿之后投二线，二线被退稿之后就投三线。如果编辑说要采用的话需要修改一下结局，他就马上改，只要能刊发、给稿费就行。

我觉得这个细节蛮打动我的。

很多有才华的人，身上都有一股浓烈的自恋。这类人是不允许别人修改自己的文章的，更不要说自己操刀，按照别人的意见去改稿了。若是怀才不遇，他们就骂那些无法识别自己才华的人都瞎了眼。

余华显然是有才华的人，但在他身上完全没有这种拧巴感。他一点都不恃才自傲，在求生存、一文不名的阶段，他一直采取的是"保持自我，但同时与世界合作"的态度。他不介意向现实低头。又或者，他可能都不认为那是低头。

我觉得他就是一位对现实有深刻了解与深切悲悯之心的智者，但还是选择与这个世界握手言和。又或者，你可以说，他根本就没有对抗过。

这种"在心态上已经超脱，但姿态上活得很入世"的样子，是我向往的状态。他看懂世事，但依然对世事饶有兴致。就像是已经学会了游泳，还是能从戏水中找到无穷乐趣。每一天，都能开启一场新的游戏，活得一点都不拧巴。

这个世界运转的法则、每一件世情蕴藏的规则，他不懂吗？他太懂了。也正因为懂得，他选择了用另一种更慈悲、更达观的心态去看待这些事。我觉得这种与世界相处的方式，是非常难得的。

曾几何时，网络上有句流行语，说的是："认真你就输了！"

这里的认真，不是说对人不真诚、做事不认真。确切地说，这句话应该改为"较真你就输了"。它有双重意思：第一，对某一件事过于执着，会令自己陷入困境；第二，有些事，即使你较真了，也赢不了。

认知突围：实现人生跨越的关键

也正因如此，我欣赏这样一种人生态度：对什么事情都不必太过在意，尽量以玩的态度去做。不是"不在意"，而是不"太过在意"。这里会涉及一个"度"的问题，体现在很多事情上便是：做事时认认真真、全力以赴，对待自己无法改变的结果则尽量不较真。

我们倡导以玩的态度去做事，并不是说不认真做事，只顾玩乐、享乐，也不是边做边玩。这里的"玩"，更多是"have fun"的意思，是享受过程的意思。

为什么我们的神经永远这么紧绷？为什么我们时常会感到焦虑？为什么我们不懂得"have fun"？可能是因为我们在做很多事情的时候，太过注重目标，而忽视了自己在做事过程中的感觉。我们的目的是尽义务、交差，却很少"have fun"。

天才也好，普通人也罢，我们一生都是在蓄势、聚势、成势、失势，再蓄势、聚势、成势、失势……所以，一时的输赢、得失，真的没那么重要。把人生拉长了看，其实也就那么回事。

以冲浪的心态，应对所有的起落就行了。

最后，感谢你为阅读这本书付出的时间。希望你和我一样，享受人生这趟旅程。